粮油加工副产物
综合利用

贾俊强　主编

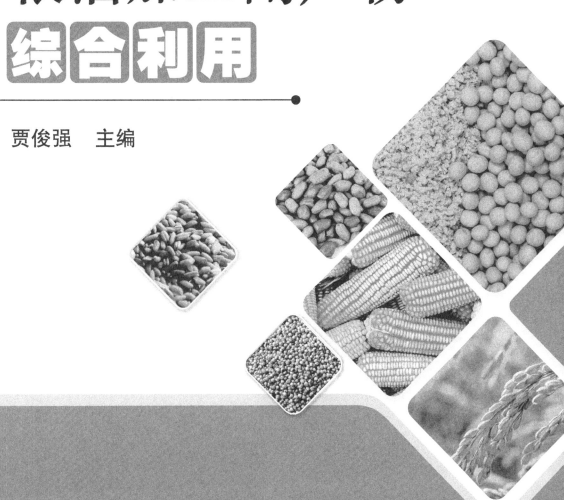

中国农业科学技术出版社

图书在版编目（CIP）数据

粮油加工副产物综合利用／贾俊强主编 . --北京：
中国农业科学技术出版社，2022.9
ISBN 978-7-5116-5883-8

Ⅰ.①粮… Ⅱ.①贾… Ⅲ.①粮食副产品-综合利用
②食用油-副产品-综合利用 Ⅳ.①TS210.9②TS229

中国版本图书馆 CIP 数据核字（2022）第 154031 号

责任编辑	崔改泵　刘　曦
责任校对	王　彦
责任印制	姜义伟　王思文

出 版 者	中国农业科学技术出版社
	北京市中关村南大街 12 号　　邮编：100081
电　　话	（010）82109194（编辑室）　（010）82109702（发行部）
	（010）82109709（读者服务部）
网　　址	https：//castp.caas.cn
经 销 者	各地新华书店
印 刷 者	北京建宏印刷有限公司
开　　本	170 mm×240 mm　1/16
印　　张	12.25
字　　数	226 千字
版　　次	2022 年 9 月第 1 版　2022 年 9 月第 1 次印刷
定　　价	50.00 元

前　　言

我国是粮油生产和加工大国，粮油加工过程中产生了大量的副产物，如稻壳、麸皮、油脚等。由于粮油加工企业的加工量大，造成大量副产物堆积，给企业带来较大负担，甚至污染环境；副产物中又富含有大量营养元素和生物活性物质，对其开展大规模增值利用能提高主产物的附加值，增加企业经济效益。近年来，粮油行业不断进行技术革新和新产品开发，特别在粮油副产物综合利用方面，取得了一批新成果，使企业综合效益得到了明显提高。同时，我国在节能减排、保护环境、降低污染、资源可持续利用等方面加大了科技投入，使得粮油副产物的综合利用在技术和设备方面都得到了长足的发展。

本书共五章，第一章概括性介绍粮油作物及其副产物种类，分析当前粮油副产物的利用现状及发展前景，第二章至第五章是粮油副产物综合利用后的产品按照主要营养素碳水化合物、蛋白质、油脂、维生素和生物活性成分进行分类，并从粮油副产物的性质、综合利用后产品的应用、制备流程、国家或行业标准技术指标以及关键技术装备等方面进行归纳总结，形成《粮油加工副产物综合利用》一书。

本书由江苏科技大学粮食学院粮油加工技术教学团队在多年教学实践基础上编写而成；编写过程中我们参考和引用了众多书籍、资料，在此向有关作者致以真诚的感谢。

由于编写水平有限，书中难免有不足和不妥之处，敬请广大读者批评指正。

编者

2021 年 9 月

目　　录

第一章　粮油副产物的来源及利用价值 ……………………………1

　第一节　粮油作物类别及组成 ………………………………………1
　　一、小麦 …………………………………………………………1
　　二、水稻 …………………………………………………………5
　　三、玉米 …………………………………………………………9
　　四、大豆 …………………………………………………………12
　　五、花生 …………………………………………………………15

　第二节　粮油副产物种类及来源 ……………………………………18
　　一、小麦加工副产物 ……………………………………………19
　　二、稻谷加工副产物 ……………………………………………20
　　三、玉米加工副产物 ……………………………………………21
　　四、大豆加工副产物 ……………………………………………23
　　五、花生加工副产物 ……………………………………………25

　第三节　粮油副产物的利用现状及发展前景 ………………………26
　　一、粮油副产物的利用现状 ……………………………………26
　　二、粮油副产物的发展前景 ……………………………………27
　　三、粮油副产物的"吃干榨净"图 ……………………………28

第二章　粮油副产物中碳水化合物的综合利用 …………………31

　第一节　粮油副产物中的碳水化合物资源 …………………………31
　　一、概述 …………………………………………………………31
　　二、麦麸 …………………………………………………………34
　　三、碎米 …………………………………………………………35
　　四、玉米皮 ………………………………………………………35

　　五、玉米芯 ··· 36

　　六、大豆皮 ··· 36

　　七、豆渣 ··· 36

　　八、花生壳 ··· 37

第二节　粮油副产物中碳水化合物资源的生产技术 ··············· 37

　　一、大米淀粉的生产技术 ····································· 37

　　二、大米淀粉糖的生产技术 ··································· 41

　　三、玉米皮、豆渣、麦麸制备膳食纤维的生产技术 ············· 51

　　四、大豆低聚糖的生产技术 ··································· 56

第三节　粮油副产物中碳水化合物资源生产的关键技术装备 ······· 59

　　一、湿法粉碎机械与设备 ····································· 59

　　二、混合与反应机械与设备 ··································· 59

　　三、分离机械与设备 ··· 61

　　四、精制机械与设备 ··· 63

　　五、干燥机械与设备 ··· 64

第三章　粮油副产物中蛋白质的综合利用 ····················· 65

第一节　粮油副产物中的蛋白质资源 ··························· 65

　　一、蛋白质资源的供求关系 ··································· 65

　　二、小麦面筋蛋白 ··· 67

　　三、米渣 ··· 67

　　四、麸质 ··· 68

　　五、豆粕 ··· 68

　　六、豆渣 ··· 68

　　七、花生粕 ··· 69

第二节　粮油副产物中蛋白质资源的生产技术 ··················· 69

　　一、谷朊粉的生产技术 ······································· 69

　　二、大米蛋白的生产技术 ····································· 73

　　三、大豆蛋白系列产品的生产技术 ····························· 76

　　四、植物蛋白肽的生产技术 ··································· 87

第三节　粮油副产物中蛋白资源生产的关键技术装备 ············· 95

　　一、干法粉碎机械与设备 ····································· 95

　　二、混合与反应机械设备 ····································· 96

　　　三、分离机械与设备 ……………………………………………………… 98

　　　四、精制机械与设备 ……………………………………………………… 99

　　　五、干燥机械与设备 ……………………………………………………… 101

第四章　粮油副产物中油脂的综合利用 ……………………………………… 103

　第一节　粮油副产物中的油脂资源 ………………………………………… 103

　　　一、概述 ……………………………………………………………………… 103

　　　二、小麦胚芽 ……………………………………………………………… 106

　　　三、米糠 …………………………………………………………………… 106

　　　四、玉米胚芽 ……………………………………………………………… 107

　第二节　粮油副产物中油脂资源的生产技术 …………………………… 108

　　　一、粮油副产物油脂的介绍 ……………………………………………… 108

　　　二、粮油副产物油脂的生产技术 ………………………………………… 110

　　　三、粮油副产物油脂的相关标准 ………………………………………… 119

　第三节　粮油副产物中油脂资源生产的关键技术装备 ……………… 127

　　　一、粉碎机械与设备 ……………………………………………………… 127

　　　二、混合与反应机械与设备 ……………………………………………… 128

　　　三、分离机械与设备 ……………………………………………………… 130

　　　四、精制机械与设备 ……………………………………………………… 132

第五章　粮油副产物中维生素和生物活性成分的综合利用 …………… 136

　第一节　粮油副产物中的维生素和生物活性成分资源 ……………… 136

　　　一、概述 ……………………………………………………………………… 136

　　　二、粮油副产物中的维生素和生物活性成分 ………………………… 141

　第二节　粮油副产物中维生素和生物活性成分资源的生产技术 …… 147

　　　一、维生素 E ……………………………………………………………… 147

　　　二、肌醇、植酸 …………………………………………………………… 153

　　　三、木糖醇 ………………………………………………………………… 161

　　　四、大豆异黄酮 …………………………………………………………… 166

　　　五、花生衣红色素 ………………………………………………………… 170

　第三节　粮油副产物中维生素和生物活性成分资源生产的关键技术

　　　　　装备 ……………………………………………………………………… 173

　　　一、清理机械与设备 ……………………………………………………… 173

二、混合与反应机械与设备 …………………………………… 175

三、分离机械与设备 …………………………………………… 176

四、精制机械与设备 …………………………………………… 177

五、干燥机械与设备 …………………………………………… 180

参考文献 ……………………………………………………… 182

第一章　粮油副产物的来源及利用价值

第一节　粮油作物类别及组成

一、小麦

小麦的生长适应各种土壤和气候条件，因此是世界上种植最广泛的作物之一。除南极外，小麦种植遍布世界各大洲，小麦的种植面积约占谷物种植面积的31%，产量接近谷物总产量的30%，两者均居谷类作物之首。世界上约有1/3以上人口以小麦为主要食用谷物，它约提供人类消费蛋白质总量的20%、热量的19%、食物总量的11%。

（一）小麦的分布、特性与分类

1. 小麦的分布

在我国，小麦主要分布在长江流域和华北地区。按播种季节可分为两种：

（1）冬小麦。是当年冬季播种，第二年夏季收获。冬小麦按其产地不同又可分为北方冬小麦和南方冬小麦两类。北方冬小麦中的白麦较多，皮薄、半硬质，由于其面筋含量较高，故品质好，出粉率高，主产区在河南、山西、山东、皖北一带，产量约占全国总产量的65%；南方冬小麦多为红麦，质软、皮厚、面筋含量较低，出粉率比前者低，主产区在江苏、四川、安徽、湖北等地，产量占全国总产量的20%~30%。

（2）春小麦。是当年春季播种，同年秋季收获。主产区在黑龙江、新疆、甘肃、青海等地，产量约占全国总产量的 15%。该品种有机质较多，一般称为红麦，颗粒大、皮厚，多为硬质，面筋含量高，但品质比冬小麦差。

2. 我国商品小麦的分类

国家标准《GB 1351—2008 小麦》根据皮色和粒质将我国商品小麦分为 5 类，具体见表 1-1。

表 1-1 国家标准《GB 1351—2008 小麦》中对我国商品小麦的分类

名称	皮色	粒质
硬质白小麦	种皮为白色或黄白色的麦粒 不低于 90%	硬度指数不低于 60
软质白小麦	种皮为白色或黄白色的麦粒 不低于 90%	硬度指数不高于 45
硬质红小麦	种皮为深红色或红褐色的麦粒 不低于 90%	硬度指数不低于 60
软质红小麦	种皮为深红色或红褐色的麦粒 不低于 90%	硬度指数不高于 45
混合小麦	不符合上述 4 类各条规定的小麦	

（二）小麦的结构

1. 小麦的外形特征

小麦籽粒的形态如图 1-1 所示，因为小麦的穗轴韧而不脆，脱粒时颖果很容易与颖分离，所以收获所得的小麦籽粒是不带颖的裸粒（颖果）。小麦籽粒形状近似于椭圆或长圆形，顶部有茸毛，腹部有一条沟槽（称为腹沟）。麦粒越大越饱满，麦皮比例就越小，胚乳比例就越大，出粉率相应越高；若麦粒小而细长，胚乳比例就小，出粉率就偏低。

麦粒顶部的茸毛没有营养价值，混入面粉内会影响色泽，应尽可能在清理过程中去除。腹沟部分的麦皮占整个麦皮的 1/4 ~ 1/3，腹沟内易藏尘土、泥沙等杂质，加工时很难去除，故腹沟深浅直接影响小麦出粉率和面粉的品质。

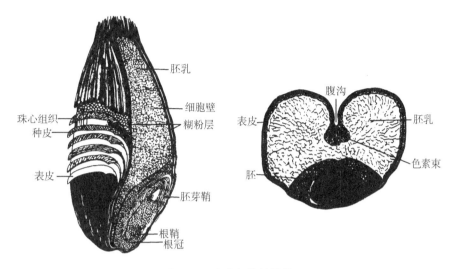

图 1-1　小麦籽粒的结构

2. 小麦籽粒的结构

小麦籽粒结构由三部分构成，即皮层、胚乳和胚。小麦籽粒结构各组成部分占全粒小麦的比例见表1-2。

表 1-2　小麦籽粒的结构组成

籽粒结构	细分结构	占小麦籽粒/%	籽粒结构	细分结构	占小麦籽粒/%
皮层	果皮和种皮	8.0		胚乳外层	12.5
	糊粉层	7.0	胚乳	胚乳中间层	12.5
胚	胚轴	1.0		胚乳内层	57.5
	胚盾片	1.5			

（1）皮层。皮层由果皮、种皮、珠心层、糊粉层等组成。小麦制粉时，糊粉层随果皮、种皮和珠心层一同被除去，统称为麸皮。

①果皮。果皮由外果皮、中果皮、中间细胞层和管束细胞层等组成。成熟的麦粒果皮约含蛋白质6%、灰分2%、纤维素20%、脂肪0.5%，其余主要为阿拉伯木聚糖等半纤维素。

②种皮。种皮由两层斜长形细胞组成，极薄；外侧紧连管状细胞，内侧紧连珠心层。外层细胞无色透明，称作透明层；内层由色素细胞组成，为色素层。如果内层无色，则麦粒呈白色或淡黄色，为白麦；如果含有红色或褐色色素，则麦粒呈红色或褐色，为红麦。

③珠心层。珠心层由一层不甚明显的细胞组成，其细胞的内外壁挤贴在一起形成薄膜状，极薄，与种皮和糊粉层紧密结合不易分开。

④糊粉层。糊粉层由一层较大的方形厚壁细胞组成，胞腔内充满深黄色的糊粉粒。细胞皮极韧，易吸收水分，放入水中瞬间胀大。糊粉层完全包裹着整个麦粒，蛋白质、脂肪、总磷和植酸盐磷含量较高，糊粉层中的硫胺素和核黄素含量也高于皮层其他部分。

（2）胚乳。胚乳是小麦贮存营养的部位，供给胚芽生长发育。胚乳细胞近乎是横向排列的，内含大量淀粉粒。细胞体积较大、壁薄、横切面呈多面体，因含有淀粉而呈白色或略黄色的玻璃色彩。胚乳细胞中充满淀粉和蛋白质，其中淀粉颗粒的大小和形状各异，小粒近似球形、粒径 $2 \sim 9\mu m$；中等颗粒粒径为 $9 \sim 18\mu m$；大粒为扁豆形、粒径 $18 \sim 50\mu m$。从糊粉层到胚乳中心，小粒淀粉的相对数量逐渐减少，而大粒淀粉的数量逐渐增加。胚乳细胞壁没有纤维素，主要由阿拉伯木聚糖、半纤维素和 β-葡聚糖组成。

（3）胚。胚是由胚芽、胚根、胚轴及盾片组成。胚芽有胚芽鞘和外胚叶保护，胚根有胚根鞘保护，延伸于胚芽之上的盾片被认为是子叶，其下部有腹鳞。小麦为单子叶植物，因此只有一片子叶。胚轴侧面与盾片相连接，其上端连接胚芽，下端连接胚根。

（三）小麦的化学组成

小麦中主要化学成分的含量随品种及生长条件不同而存在较大差异。如表 1-3 所示，蛋白质与灰分含量一般是硬质小麦高于软质小麦，而碳水化合物、脂肪、纤维素含量则是软质小麦高于硬质小麦。

小麦籽粒各部分的化学组成见表 1-4，小麦淀粉全部集中于胚乳中，约 90% 的纤维素都集中在果皮和糊粉层内，而脂肪大多集中在胚和皮层内。

表 1-3　各种小麦粒质的化学组成

粒质	碳水化合物/%	蛋白质/%	脂肪/%	纤维素/%	灰分/%
硬质	79.1	13.8	2.1	2.8	2.1
半硬质	81.8	11.1	2.1	2.9	2.1
软质	82.7	10.1	2.2	2.9	2.0

表 1-4　小麦籽粒各部分的化学组成

籽粒部位	碳水化合物		蛋白质/%	脂肪/%	纤维素/%	灰分/%
	淀粉/%	其他糖类/%				
整粒	63.1	13.7	16.1	2.4	2.8	2.0
胚乳	78.8	7.1	12.9	0.7	0.2	0.4
胚	0.0	38.5	37.6	15.0	2.5	6.3
糊粉层	0.0	21.3	50.2	8.2	6.4	13.9
果皮、种皮	0.0	53.5	10.6	7.5	23.7	4.8

二、水稻

水稻在我国有悠久的种植历史，全国有灌溉条件的地区都有种植，其产量占我国粮食总产量的 1/3 以上。水稻收获的籽粒称稻谷，它是单位面积内可以生产出较多碳水化合物、热能的高产粮食作物之一。在我国，稻谷年产量约 1.95 亿 t，占全国粮食总量的 42%左右，占世界粮食总量的 37%左右。稻谷经碾磨加工成为大米，全世界约一半的人口以大米为主食。

（一）水稻的分布、特性与分类

我国种植的水稻分布区域以南方为主，约占我国水稻播种面积的 94%，播种面积和产量较大的省份有湖南、江西、四川、安徽、湖北、浙江、云南等；北方稻作面积约占全国的 6%，播种面积和产量较大的省份有黑龙江、吉林、辽宁、甘肃等。

　　为了便于稻谷的收购、销售、调拨、储存、加工和流通，在国家标准《GB 1350—2009 稻谷》中，根据稻谷的粒形和粒质分为 5 类，见表 1-5。

表 1-5　国家标准《GB 1350—2009 稻谷》中对稻谷的分类

名称	特性
早籼稻谷	生长期较短，收获期较早，一般呈细长形，米粒腹白较大，角质部分较少
晚籼稻谷	生长期较长，收获期较晚，一般米粒腹白较小或无腹白，角质部分较多
粳稻谷	糙米一般呈椭圆形，米质黏性较大，胀性较小
籼糯稻谷	糙米一般呈长椭圆形或细长型，米粒呈乳白色，不透明或半透明状，黏性大
粳糯稻谷	糙米一般呈椭圆形，米粒呈乳白色，不透明或半透明状，黏性大

（二）稻谷的结构

1. 稻谷的外形特征

　　稻谷由颖（稻壳）和颖果（糙米）组成，稻谷的外形和内部结构如图 1-2 所示。

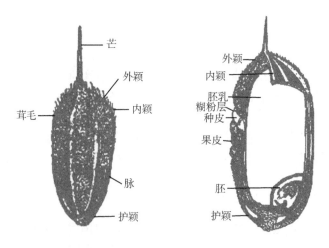

图 1-2　稻谷的外形（左）和内部结构（右）

2. 稻谷籽粒的结构

稻谷籽粒的结构及其各部分比例见表1-6。

表1-6　稻谷籽粒的结构组成

名称	稻谷	稻壳	皮层	胚乳	胚
占比/%	100	20~30	5~7.5	70	2~4

（1）稻壳。稻谷的颖表面粗糙，并长有茸毛，一般粳稻茸毛密而长，籼稻则稀而短。稻谷经砻谷机脱壳后，颖即脱落，脱下来的颖通称为稻壳，有时也称砻糠、毛糠或大糠。一般成熟和饱满程度好的稻谷，颖薄而轻；粳稻谷的颖比籼稻谷的颖薄而轻，且钩合较松，易脱壳；未成熟的稻谷，其颖富于弹性和韧性，不易脱除。

（2）糙米。稻谷去掉外壳即为糙米，是由皮层、胚乳和胚三部分组成，其结构如图1-3所示。糙米随着稻壳脉纹的棱状突起程度不同，而在表面形成深浅不同的纵向沟纹，其深浅随稻谷品种的不同而异，它对出米率的高低有一定的影响。碾米主要是碾去糙米的皮层，因为米沟内的皮层在碾米时很难碾去，所以米沟越深的品种，碾米时胚乳损失越大，出米率越低。

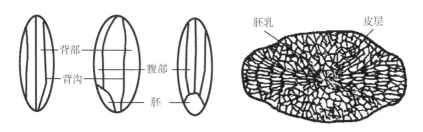

图1-3　糙米的结构

①皮层。糙米的皮层由果皮、种皮、外胚乳和糊粉层组成。其中，果皮和种皮统称为外糠层，外胚乳与糊粉层统称为内糠层。碾米过程中糙米的皮层要被部分或全部去除，被碾下的物料统称为米糠。皮层厚薄与稻种有关，优质稻种皮层软而薄，劣质稻种皮层厚，碾除困难且出米率低。

②胚乳。胚乳是由大而充满淀粉粒的呈多面形的薄壁细胞所组成，密集

地装填有淀粉颗粒和一些蛋白质体。胚乳的结构紧密坚硬，米粒呈半透明状态，断面光滑平整，称为角质胚乳；如胚乳的结构疏松，米粒不透明，断面粗糙呈石灰状，则称为粉质胚乳。一般粉质部分多位于米粒的腹部或心部，相应地称其为腹白或心白，腹白和心白的大小称腹白度。腹白度的大小与稻谷的类型、品种、成熟度有关，一般早稻大于晚稻，未熟粒大于成熟粒。

③胚。胚与胚乳连接得较为松散，在碾米过程中容易脱落。它位于糙米的下腹部，其中含有较多易酸败的脂肪，长期储藏带胚的米粒，容易发霉和变质。

（三）稻谷的化学组成

稻谷中主要化学成分的含量因稻种和生长条件的不同而略有差异，稻谷各部分的化学组成见表1-7。

表1-7　稻谷各部分的化学组成

籽粒部位	碳水化合物/%	蛋白质/%	脂肪/%	纤维素/%	灰分/%
稻谷	73.0	9.2	2.0	10.1	5.7
稻壳	31.8	3.9	1.0	43.0	20.3
糙米	84.9	10.4	2.3	1.3	1.3
皮层	40.6	17.1	21.0	10.4	10.9
胚乳	90.0	8.7	0.3	0.5	0.6
胚	33.2	24.7	23.6	8.6	9.9

1. 水分

水分高低对加工影响很大，高水分谷粒，碾米时碎米多；但水分过低则性脆，出米率同样较低。实践经验表明，含水量在13%～15%时最易加工。稻谷各组成部分含水量各不相同，胚的含水量最高，其次是皮层和胚乳，谷壳最低。

2. 淀粉

稻谷中淀粉大部分分布在胚乳中，是人体所需热量的主要来源。稻谷中直链、支链淀粉含量和比率是稻谷的重要品质特性。按直链淀粉含量不同，稻谷可分为糯性（0~2%）、低含量（2%~9%）、中等含量（20%~25%）、高含量（>25%）4种类型。

3. 蛋白质

稻谷中蛋白质含量不多，一般白米中蛋白含量约7%。稻谷蛋白质在米粒内分布不均匀，胚内多于胚乳，糊粉层与亚糊粉层多于胚乳内部。稻谷蛋白质集中于米粒四周，且腹部多于背部。米粒中蛋白质具有很强的黏结力，故含量越高，耐压性越强，加工时出米率相应越高。

4. 脂肪

稻谷中脂肪大部分集中在胚和皮层内，内层胚乳中含量极少，而碾米时大部分胚和皮层被剥离，故白米中脂肪含量低。在实际生产中，脂类含量通常可用来评价大米的加工精度。

5. 维生素和矿物质

稻谷中含有少量人体不可缺少的 B 族维生素，是人体生长发育必需的营养物质。因此，在大米加工时应尽量保留胚和糊粉层，在洗米时要减少揉搓。稻谷中矿物质主要包含在稻壳、皮层和胚内，胚乳中含量较少，其中包含的矿物质有磷和少量钙、铁、镁。

三、玉米

玉米是我国第三大粮食品种，也是世界三大粮食作物之一。我国年产玉米在 1.4 亿 t 左右，居世界第二位。

（一）玉米的分布、特性与分类

我国玉米主要产区有东北、华北、四川及贵州等地，栽培面积较大的品种是齿形玉米，其优越性在于产量与淀粉含量均比其他品种高。国家标准《GB 1353—2018 玉米》根据颜色将玉米分为 3 类，黄玉米、白玉米、混合玉米，具体特性指标见表1-8。

表1-8　国家标准《GB 1353—2018 玉米》中对玉米的分类

名称	特性
黄玉米	种皮为黄色，或略带红色的籽粒含量不低于95%的玉米
白玉米	种皮为白色，或略带淡黄色或略带粉红色的籽粒含量不低于95%的玉米
混合玉米	不符合上述2类规定的黄、白玉米互混的玉米

（二）玉米的结构

1. 玉米的外形特征

玉米籽粒由皮层、胚、胚乳和胚根鞘四部分组成，玉米籽粒的结构如图1-4所示。

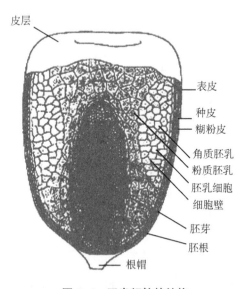

图1-4　玉米籽粒的结构

2. 玉米籽粒的结构

玉米籽粒各组成部分的含量比例见表1-9。

表1-9 玉米籽粒的结构组成

籽粒部位	皮层	胚	胚乳	胚根鞘
占比/%	6~7	8~12	81~82	1~1.5

（1）皮层。玉米籽粒的皮层由果皮、种皮和糊粉层组成。果皮是籽粒的光滑而密实的外皮，其组织紧密、具有光泽、韧性大。果皮与种皮紧紧地结合在一起，两者不易分开，果皮与种皮俗称玉米皮。糊粉层在种皮和胚乳之间，是具有厚韧细胞壁的一层细胞，在实际玉米加工中它属于皮层。

（2）胚。胚位于玉米籽粒的基部，柔韧而有弹性，不易破碎。其体积约占整个籽粒的1/4，加工时可以完整地分离出来，胚中富含蛋白质、脂肪和维生素E等营养成分。

（3）胚乳。胚乳是玉米籽粒的最大组成部分，是制渣、制粉的主要部位。玉米的胚乳分粉质和角质两大类，虽然从形态学上来看，角质区与粉质区的分界线并不明显，但两者的物理特征差异较为明显。

①粉质胚乳。粉质胚乳的特点是细胞较大，淀粉颗粒既大且圆，蛋白质基质较薄，在籽粒干燥过程中蛋白质基质的细条崩裂，产生了空气小囊，这使粉质区呈白色不透明的外貌和多孔的结构，因而也使淀粉分离变得容易一些。

②角质胚乳。角质胚乳中，较厚的蛋白质基质在干燥期间也收缩，但不崩裂，由此产生的压力形成一种密集的玻璃状结构，其中的淀粉颗粒被挤成多角形。角质胚乳的特性使得淀粉生产时玉米需要充分地浸泡，以提高淀粉的得率。角质胚乳区的蛋白质、黄色胡萝卜素的质量分数比粉质胚乳区多。

在糊粉层的下面有一排紧密的细胞，称为次糊粉层或外围密胚乳，其蛋白质质量分数高达28%，这些小细胞在全部胚乳中的质量分数低于5%，它们含有很少的小淀粉团粒和较厚的蛋白质基质，这些细胞在加工中不易分散开，一般要采用一定孔径的筛网将这些物质作为纤维筛出。

（4）胚根鞘。胚根鞘又称根帽，是玉米籽粒中最小部分，它连接种子与穗轴，使种子能附着于穗轴上，由具有海绵状结构的纤维基元组成，易于吸收水分。胚根鞘通常与胚芽连在一起，不易分离，胚根鞘能保护胚，不仅会影响胚的纯度，而且还会降低玉米胚芽油生产时的出油率。

（三）玉米的化学组成

玉米籽粒主要化学成分的含量与栽培条件、品种有关，各部位的化学组成见表1-10。玉米籽粒皮层的主要成分为纤维素，但在玉米实际加工中，糊粉层常被混入皮层，据报道，糊粉层占籽粒质量的3%左右，其中蛋白质占比约22%，脂肪占比约7%，因此，加工获得的玉米皮层中蛋白质和脂肪的相对含量均较高。胚中主要含有脂肪、蛋白质，其中脂肪质量分数高达35%~40%。胚乳中主要含有淀粉，它约占胚乳质量的87%。

表1-10　玉米籽粒各部分的化学组成

籽粒部位	碳水化合物		蛋白质/%	脂肪/%	纤维素/%	灰分/%
	淀粉/%	其他糖类/%				
整粒	72.4	1.9	9.6	4.7	9.9	1.4
皮层	5.3	1.5	9.7	3.8	78.0	1.7
胚	9.3	11.9	19.5	38.3	9.7	11.3
胚乳	86.6	0.6	8.6	0.9	2.5	0.8
胚根鞘	7.3	0.3	3.5	1.0	87.2	0.7

四、大豆

（一）大豆的分布、特性与分类

如今世界各地均有种植大豆，其产量约占世界油料总产量的50%。大豆在我国有着悠久的栽培历史，现在通常把"黄豆""青豆"和"黑豆"统称为大豆。在我国，大豆尤其盛产于东北地区，其种植面积约占全国总面积的40%，黄淮流域约占38%，长江流域及南方地区约占17%，其余占5%。国家标准《GB 1352—2009 大豆》根据大豆的皮色分为5类，具体特性指标见表1-11。

表 1-11 国家标准《GB 1352—2009 大豆》中对大豆的分类

名称	特性
黄大豆	种皮为黄、淡黄色，脐为黄褐、淡褐或深褐色的籽粒含量不低于95%的大豆
青大豆	种皮为绿色的籽粒含量不低于95%的大豆
黑大豆	种皮为黑色的籽粒含量不低于95%的大豆
其他大豆	种皮为褐色、棕色、赤色等单一颜色的大豆及双色大豆*
混合大豆	不符合上述4类规定的大豆

注: *当种皮为两种颜色时，其中一种为棕色或黑色，并且其覆盖粒面达 1/2 以上。

(二) 大豆的结构

1. 大豆的外形特征

大豆在植物分类中属于豆科，蝶形花亚科，大豆属。其果实为荚果，豆荚内含有 1~4 粒种子（多为 2~3 粒）。种子多呈椭圆形、球形、卵圆形等形状。大豆籽粒结构上可大致分为种皮、子叶和胚三部分，其籽粒结构如图 1-5 所示。

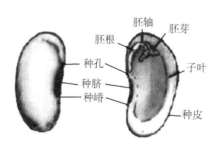

图 1-5 大豆籽粒的结构

2. 大豆籽粒的结构

大豆籽粒各组成部分的含量比例如表 1-12 所示。

表 1-12　大豆籽粒的结构组成

籽粒部位	种皮	子叶	胚
占比/%	8	90	2

（1）种皮。种皮为籽粒的最外部，种皮含有大量的纤维物质且较坚硬，可以抵抗外界的不良影响。种皮的表面状况、颜色及斑纹随品种而异，可用来鉴别大豆的种类和质量。种皮的透水性优劣直接影响泡豆时间和质量，从外向内是由 5 层形状不同的细胞组织结构组成，分别为栅状细胞、圆柱状细胞、海绵状细胞、糊粉层和压缩胚乳细胞组织。

（2）子叶。子叶即胚的幼叶，又称豆瓣，是大豆籽粒的主要可食部分，其功能是储存和吸收营养物质，以供给胚的生长发育。在子叶中贮存的蛋白质约占大豆蛋白质总量的 90%；埋藏在蛋白体间隙的细小颗粒称为圆球体，其内部蓄积着脂肪；在蛋白体和圆球体之间，还有呈溶解状态的糖分和小颗粒淀粉，随着成熟度的增加，淀粉粒含量急剧减少。

（3）胚。大豆种子的胚是由胚根、胚轴、胚芽三部分构成，其中含有丰富的营养成分，是具有活性的幼小植物体。当外界条件（温度、湿度）适宜时便可萌发而开始新的生命周期。

（三）大豆的化学组成

大豆主要化学成分的种类、含量与大豆品种有关，而且还可能与产地、种植季节、甚至种植方式及加工工艺等有关。不同产地大豆的化学组成及含量如表 1-13 所示，不同产地的大豆中蛋白质的含量各不相同，我国大豆的蛋白质含量相对较高，而油脂含量偏低。因此，为了提升大豆在我国的综合利用率，其主要途径之一就是充分利用丰富的大豆蛋白质，开辟其在食品和材料等领域的应用。

表 1-13 不同产地大豆的化学组成

产地	碳水化合物/%	蛋白质/%	脂肪/%	纤维素/%	灰分/%
中国	20.8	43.6	25.1	5.7	4.8
美国	22.0	37.9	28.9	4.9	6.3
日本	19.4	36.9	33.6	4.9	5.2

大豆籽粒各组成部分的化学组成及其比例见表 1-14。种皮中以碳水化合物为主，主要成分为纤维素；而子叶中的碳水化合物、蛋白质和脂肪含量均较高，分别占比约为29%、43%和23%。除了这些含量较高的成分之外，大豆籽粒中还含有一定量的大豆异黄酮、大豆磷脂以及钙、钾、磷、铁、硒、钼、锌等矿物质元素。

表 1-14 大豆籽粒各部分的化学组成

籽粒部位	碳水化合物（含粗纤维）/%	蛋白质/%	脂肪/%	灰分/%
整粒	20.0~39.0	30.0~45.0	16.0~24.0	4.5~5.0
种皮	85.9	8.8	1.0	4.3
子叶	29.4	42.8	22.8	5.0
胚	33.4	40.8	21.4	4.4

五、花生

（一）花生的分布、特性与分类

世界上花生的主产国有印度、中国、美国、印度尼西亚等。其中，印度种植面积最大，居首位，中国居第2位；花生单产，美国居第1位，中国居第2位。花生年生产量中国居世界首位。在我国花生除少部分作为干果食用外，大部分作为油料用于制取食用油脂。花生油在世界油脂生产中具有举足轻重的地位；同时它也是一种很好的植物蛋白资源，约占植物蛋白总量的11%。

国家标准《GB/T 1532—2008 花生》将花生分为花生果和花生仁。我国学者孙大容等在20世纪50年代按花生荚角性状将我国花生分成四大类，即普通型、珍珠豆型、多粒型和龙生型四类。这种分类法一直沿用至今，但由于育种工作的开展，如今也出现了一些属于中间型的品种。花生也可按用途分为油用型和食用型，油用型花生一般以大花生为主，要求含油率达40%~50%，蛋白质质量分数达20%以上；食用型花生要求含油率30%以上，蛋白质质量分数40%以上。此外，生产上有时为了方便，常按播种期将花生分为春花生、夏花生、秋花生和冬花生。

（二）花生的结构

1. 花生的外形特征

花生属于豆科，一年生草本植物，花生果实为荚果，一般每荚内含花生仁2~3粒。花生仁结构见图1-6所示。

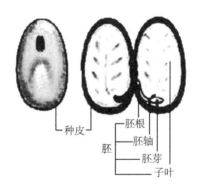

图1-6　花生仁的结构

2. 花生果的结构

花生果各组成部分的含量比例如表1-15所示。

表 1-15　花生果的结构组成

花生果的部位	花生壳	花生仁		
		种皮	子叶	胚
占比/%	28~32	3.6	63.4	2.9

（1）花生壳。花生壳是由木质化的粗纤维组成，外层凹凸不平，有网纹，呈土黄色或白色，质脆易碎，与种子的连接不牢固，在外力作用下可将其破碎并与种仁分离。

（2）花生仁。花生仁呈长圆、长卵、短圆等形状，通常称之为"花生米"。花生仁由种皮、子叶和胚三部分构成，无胚乳。花生种皮又称"花生红衣"，很薄，颜色因品种而异，常见的有紫红、淡红、褐红等，富含维生素 K；子叶中间有一条纵向凹槽，正常的子叶呈乳白色，肥厚且有光泽；胚内有胚芽、胚轴、胚根。

（三）花生的化学组成

花生各部分的化学组成见表 1-16。花生壳主要由纤维素组成，占比为 66%~79%；花生种皮以碳水化合物为主，占比为 48%~53%；花生仁中的子叶和胚的脂肪含量最大，分别为 52%和 39%~43%。

表 1-16　花生各部分的化学组成

成分	花生壳/%	花生仁		
		种皮/%	子叶/%	胚/%
碳水化合物	11.3~21.9	48.3~52.5	17.3	—
蛋白质	4.8~7.2	11.0~13.4	27.6	26.5~27.8
脂肪	1.2~2.8	0.5~1.9	52.1	39.4~43.0
纤维素	65.7~79.3	21.4~34.9	—	1.6~1.8
灰分	1.9~4.6	2.1	2.4	2.9~3.2

1. 碳水化合物

花生仁中碳水化合物含量因品种、成熟度和栽培条件的不同而不同，其平均含量在 10%~30%。新鲜花生中，典型的甜味和轻微的"绿生"气是由高含量的糖和一定量的挥发性有机成分所产生；花生中蔗糖含量的多少与焙烤花生果（仁）的香气和味道有密切关系，一般情况下含糖量越高，其烘烤风味越佳，口感越好。

2. 蛋白质

在植物蛋白质中，花生蛋白在数量和营养上均仅次于大豆蛋白，是较理想的食用蛋白资源。花生中蛋白质含量平均为 24%~36%，与几种主要油料作物相比，仅次于大豆而高于芝麻和油菜。花生经脱脂后，其蛋白质含量可达 55%，比脱脂大豆粉（50%）、鸡蛋（15%）、小麦粉（13%）和牛乳（3%）等蛋白质含量高。

3. 脂肪

花生中脂肪含量平均为 45%，属高脂肪含量食物，而且花生油熔点低，易消化，在室温下呈液态，消化率达 98%，所以花生是人类膳食中的重要脂肪来源之一。花生仁中不饱和脂肪酸含量较多，约占 80%，以油酸为主，另外还含有植物固醇、磷脂等功能性成分。

第二节　粮油副产物种类及来源

在全世界范围内，粮食、油料都是主要的农产品原料，给人类提供了主要的食物来源。粮食、油料之所以成为人们的主要食物资源，是因为这些原料中含有人体生长发育所需要的碳水化合物、蛋白质、脂肪及多种营养成分，粮油原料的 70%~80% 经过加工提取成为成品粮油或食品工业的原料，但还有 20%~30% 的成分目前还不能直接或间接地成为人类的食品，如皮壳、纤维等。

粮油原料中同时含有碳水化合物、蛋白质、脂肪等营养物质，有时以其中的某一种营养物质为主要提取和加工对象，而其他营养物质就可能成为副产物。因此，副产物其实是相对主产物而获得的名称，有时副产物的利用价值并不一定小于主产物。例如，以大豆为原料提取豆油的产业中，豆油是主产物，大豆中的蛋白质和碳水化合物等都是副产物，而副产物中蛋白质的利用价值甚至超过主产物豆油。

相对于主产物而言，副产物更是有待深入开发利用的可再生资源。然而，对副产物的综合利用很大程度上取决于对其化学组成的了解程度；任何粮油作物都是多种化学成分的复合体，而各种成分在不同作物中的含量和分布也不一样。因此，若要对粮油加工副产物进行合理利用和深度加工，则首先要充分了解其化学组成、含量及其分布。在此基础上，围绕经济效益，设计出合理的产品结构，确定可行的技术方案，对各种有效成分进行分离提取和多层次加工。粮油加工副产物资源的综合利用不仅能为食品、饲料工业等提供丰富的生产原料，还可用以提取高附加值的医药、化工等产品。随着科学的不断发展，目前还不能充分利用的副产物，在未来有可能成为具有更大利用价值的新能源。

一、小麦加工副产物

小麦加工制备得到面粉为主产物时，其副产物有麦麸、次粉和麦胚。

（一）麦麸

小麦制粉加工的主要副产物为麦麸，它是小麦籽粒皮层和胚经碾磨后的混合物，麦麸的得率一般为小麦的15%~25%，目前，我国每年麦麸产量约为3 000万 t 以上，是我国大宗农副产品资源之一。在饲料工业中，麦麸广泛应用于制备复合饲料，而且是较好的牛、鱼等的饲料原料。在发酵工业中，麦麸可作为食用菌培养基的原料，用于制酒、醋和酱油。在食品工业中，麦麸可作为制备膳食纤维的原料，利用纤维素活化技术和酶技术制备出色泽、口感、功能性均较好的膳食纤维产品。

（二）次粉

小麦制粉中会产生"次粉"。之所以称为"次粉"，是指提供人食用时口感差，但并不意味着营养价值低。次粉也称尾粉，是由全部通过 CQ20 筛的外层胚乳、细碎麸屑和少量麦胚所组成的混合物，其产量占小麦籽粒总重的3%~5%，我国每年次粉的产量在 400 万 t 左右。小麦制粉程度不同时，出麸率不同，次粉的化学成分差异也较大；在同一出粉率时，次粉与麦麸相比，其蛋白质和脂肪含量较高，纤维素含量较低。因此，次粉具有较高的能量和营养价值，是一种良好的能量饲料资源。胚乳含量较高的次粉可进一步制备面筋、淀粉等产品，也可用于制造酱油、醋和酒等发酵产品。另外，次粉还常用于培养食用菌。

（三）麦胚

麦胚是小麦制粉加工中重要的副产物之一，加工时进入麦麸和次粉中，通过提胚工艺，可以得到纯度较高的麦胚。麦胚约占小麦籽粒的 1.4%～3.8%，我国面粉厂每年产出的小麦胚芽可达 420 万 t。胚芽是小麦籽粒的营养宝库和精华，是麦粒最具活性的部分。从化学组成来看，麦胚富含脂肪，以麦胚为原料制备得到的胚芽油是一种营养价值很高的食用油。近年来，我国围绕小麦胚芽油的制备，逐渐形成以维生素 E 和胚芽蛋白为原料制备食品及日化、饲料等产品的新行业。

二、稻谷加工副产物

稻谷加工制备得到大米为主产物时，其副产物有稻壳、米糠、碎米和米胚。

（一）稻壳

通常稻谷的谷壳率约为加工原粮的 20%，我国年产约 3 000 万 t 稻壳。稻壳坚韧粗糙，木质化程度高，营养价值低。我国稻壳主要用于燃烧、发电和稻壳制板等。对于稻谷加工企业来说，很少对稻壳进行深加工和再利用，这不仅浪费了宝贵的资源，而且也会对环境造成污染。近年来，随着人们环保意识的增强和能源价格的不断上涨，稻壳等农业生产副产物的合理利用已逐渐引起人们的重视。

水稻将土壤中稀少的无定形 SiO_2 富集于稻壳中，稻壳中 SiO_2 含量为 10%～21%，它是一种很有价值的资源。稻壳中硅的综合利用主要有以下两条路线：一是利用稻壳灰分中的高硅含量，进一步制成各种产品，如水玻璃、白炭黑、高温耐火材料等；二是将稻壳直接经物理和化学处理得到硅化合物，如多孔二氧化硅、高纯硅、精细陶瓷等。

（二）米糠

米糠是糙米碾白过程中被碾下的皮层及少量米胚和碎米的混合物，我国年产米糠达 900 万 t 左右，实为一种数量巨大的可再生资源。就我国米糠的利用而言，其主要用作制取米糠油和菲汀的原料，但是该利用也仅占全国米糠总产量的 15% 左右，其余 85% 的米糠几乎全部用作饲料。

据国内外饲料相关资料报道，米糠直接作饲料存在许多缺点。第一，米糠含油率为 13%~16%，而猪饲料含油量应在 2% 左右，尤其饲育瘦肉型猪，含油量更不宜过高。第二，米糠中游离脂肪酸含量达 20% 以上，但猪对米糠中的游离脂肪酸不能吸收。第三，米糠中通常含有 10% 左右的植酸钙镁，而植酸是一种抗营养因子。第四，米糠中粗纤维含量为 6%~14%，而单胃动物的食物中纤维含量太多会影响肉的品质。近年来，日本、印度尼西亚、印度等国家均不以生米糠作饲料，而以提取脂肪后的脱脂米糠作为复合饲料的原料，从而提高了米糠的生物利用度。

（三）碎米

碎米是按照国家标准《GB/T 1354—2018 大米》中有关碎米率的要求，在大米成品分级时得到的副产物。稻谷品种、贮藏时间和加工工艺不同，碎米出品率变化较大，一般为大米成品的 30%~40%。碎米与大米的营养价值近似，但由于外观上的缺陷，使得经济价值比大米低。碎米综合利用的传统产品主要是制酒、醋和饴糖，通常还用于制备米粉和复合饲料，或作为发酵工业的原料生产酒精、丙酮、柠檬酸等产品。近年来，碎米综合利用的新途径主要为制备淀粉和蛋白产品，同时，制备淀粉后的米渣中蛋白质含量较高，可用来生产酱油、发泡粉、蛋白胨等多种产品。

（四）米胚

米胚在稻谷籽粒中所占比例为 2%~4%，由于胚与胚乳连接不牢固，碾米时很容易脱离而进入米糠中，我国米胚的蕴藏量估计可达 10 万 t 以上。米胚含有丰富的营养成分，蛋白质和脂类均在 20% 以上，蛋白质中氨基酸组成较为平衡，脂类中 70% 以上脂肪酸是不饱和脂肪酸，并含有丰富的微量元素和矿物质。

三、玉米加工副产物

目前我国玉米大多用作饲料，其次用于淀粉和发酵工业。据不完全统计，我国年产淀粉约 1 500 万 t，其中 90% 是以玉米为原料制备得到的。玉米加工制备得到玉米淀粉为主产物时，其副产物有玉米芯、玉米皮、胚芽、麸质和玉米浆。

（一）玉米芯

玉米芯是玉米脱去籽粒后的穗轴，一般占玉米的 20%~30%，我国玉米芯年产量高达 1 亿 t。玉米芯含有丰富的纤维素、半纤维素、木质素等，已被用于造纸、生物制糖等行业。玉米芯具有组织均匀、硬度适宜、韧性好、吸水性强、耐磨性能好等优点，可用于眼镜、钮扣、电子元件、汽车零部件的抛光、干燥、擦干处理等。

（二）玉米皮

玉米皮一般由玉米的皮层及其内侧少量的胚乳组成，以纤维素和半纤维素为主，占比高达 55%~65%，因而玉米皮是膳食纤维的良好来源。玉米的皮层约为籽粒的 5.3%，但一般中小型加工企业的商品玉米皮得率却达到玉米籽粒的 14%~20%。这主要归因于设备和技术方面的原因，玉米破碎分离程度不高，造成玉米皮内侧的淀粉未被完全剥离，玉米皮夹带着不少淀粉。所以，玉米皮也常作为生产酒精或柠檬酸的原料。

（三）胚芽

与其他谷物胚芽相比，玉米胚芽的体积和重量占整个籽粒的比例都较大，体积约占 1/4，重量占 8%~12%。胚芽中脂肪含量较高，一般在 34% 以上。因此，玉米胚芽是榨油的良好原料。玉米胚芽中的蛋白质大部分是清蛋白和球蛋白，所含的赖氨酸和色氨酸比胚乳高得多，并且富含人体 8 种必需氨基酸，因此可利用榨油后的胚芽饼生产玉米胚芽蛋白产品。此外，玉米胚芽中还含有磷脂、肌醇、肽类和糖类等营养元素。

（四）麸质

麸质是玉米湿法生产淀粉过程中，淀粉乳经分离机分离出的沉淀物，经过滤、干燥后获得。麸质中含有大量的蛋白质，其干物质可达 60% 以上，故又称玉米蛋白粉，出品率为玉米的 5%~7%。但由于麸质缺乏赖氨酸、色氨酸等人体必需氨基酸，生物学效价较低，常作为低价值饲料蛋白出售。麸质中除了含有丰富的蛋白资源外，还含有玉米黄素、叶黄素等物质。目前，麸质粉的开发利用主要是围绕其蛋白质和色素进行的，产品如蛋白发泡粉、醇溶蛋白、活性肽、玉米黄素等。

（五）玉米浆

玉米浆是玉米湿法加工过程中浸泡液的浓缩物，为棕黄色混合物，所含干物质为玉米的 4%~7%，玉米浆中含有较多的营养物质，排放后不但造成营养成分损失，还会造成环境污染。玉米浆中可溶性蛋白质含量较高，还含有 B 族维生素、矿物质、菲汀和色素等。目前，玉米浆用于制备成蛋白饲料或作为发酵工业的营养源。

四、大豆加工副产物

大豆加工制备得到豆制品为主产物时，其副产物有豆皮、大豆胚芽、豆渣；当制备得到大豆油为主产物时，其副产物有豆皮、大豆胚芽、豆粕和油脚。另外，随着大豆加工业的不断发展，生产过程中所产生的废水也逐渐成为一类不容忽视的副产物资源。

（一）豆皮

大豆加工过程中，不论是以豆制品为主产物还是大豆油为主产物，都会产生副产物豆皮，它约占全豆质量的 6%~8%。豆皮中具有明显生理功能的膳食纤维含量较高，因此，豆皮常被用于开发膳食纤维产品。大豆皮中除了含有纤维素、半纤维素等不溶性膳食纤维外，还含有果胶、甘露聚糖等可溶性纤维，是制作模压一次性可降解方便餐具的良好纤维源。同时，大豆中32%的铁集中在豆皮内，且植酸含量较少，对铁元素在体内的吸收影响较小，可作为铁的强化剂广泛用于烘焙制品、饮料、保健品等食品中。

（二）大豆胚芽

大豆经清除异物、剥皮、风选加工后，可获得相对分离的种皮、子叶和胚芽。大豆胚芽约占大豆总质量的 2%，营养丰富，其约含 41%的蛋白质、21%的脂肪，其中不饱和脂肪酸含量高达 80%，以亚麻酸和亚油酸为主。另外，大豆胚芽油还富含维生素 E，其含量为 190mg/100g 左右；富含多种生理活性物质，如大豆异黄酮、大豆皂苷、大豆低聚糖和甾醇等，在功能性食品、医药制品和化妆品等方面有着广泛的应用。

（三）豆渣

豆渣是以大豆为原料加工传统豆制品豆腐、豆奶等为主产物后的一类重要的副产物，大豆分离蛋白生产过程中分离出来的不溶性碳水化合物也属于豆渣类。豆渣约占全豆干重的 15%～20%，主要成分为蛋白质（23%）、脂肪（20%）、低聚糖（38%）、纤维素（15%）、灰分（6%），此外还有钙、磷、铁等矿物质。因此，常用作发酵工业的基料。近年来，豆渣被视为新兴的膳食纤维源；从豆渣中分离制备具有功能活性的大豆多糖产品，可提高豆渣的利用价值，降低大豆产品的生产成本。

（四）豆粕

豆粕是大豆提取豆油后的副产物，这是把油脂作为主产物的习惯说法，实际上豆粕在油脂工业中的产量和价值都高于油脂。豆粕一般呈不规则碎片状，颜色为浅黄色至浅褐色，具有烤大豆香味。高蛋白饲用豆粕是最重要的饲料蛋白来源，是制作牲畜与家禽饲料的主要原料。目前，以低温脱脂豆粕为原料制备大豆蛋白产品已经成为重要的植物蛋白产业，大豆蛋白系列产品主要有 5 种，即大豆蛋白粉、浓缩蛋白、分离蛋白、组织蛋白和大豆蛋白肽。

（五）油脚

油脚是根据毛油中非油脂成分理化性质的不同，而采取不同的精炼方法所得到的副产物。大豆油脚一般是指毛油经水化及油长期静置后的沉淀物，原料油脂质量不同，大豆油脚组成往往也不同。油脚的产量约占油品产量的 5%～10%，据不完全统计，国内大豆油脚年产量在 10 万 t 以上。原料的品质决定了油脚的质量，一般而言，如果原料油脂的酸价较低、杂质少而色泽浅，则大豆油脚的质量较优；如果原料油脂的酸价较高、杂质多而色泽深，则大豆油脚的质量较次。大豆油脚的主要成分是磷脂、中性油、水分及其他类脂物，此外还有少量的蛋白质、糖类、蜡、色素等。

（六）大豆加工后的废水

豆制品废水主要来源有泡豆水、压榨出的黄浆水、豆粕制成浓缩蛋白或分离蛋白时排出的大豆乳清水及生产清洗用水，其中泡豆水、黄浆水和大豆乳清水属于高浓度的有机废水，总产生量为大豆质量的 7~9 倍，COD 值超过 200mg/L，BOD 值可达 0.6~0.7，除 pH 值较低外，有毒有害物质很少。因此，对其进行综合利用，不仅可减少环境污染，还可回收利用其中的营养成分，获得经济效益。然而，黄浆水、大豆乳清水中固形物含量仅为 1%，各种功能性成分含量很低，由于受技术的限制，豆制品废水的开发利用并没有实现产业化。但是，近年来由于大豆生产规模的不断扩大，水污染问题日益严重，从大豆加工废水中提取异黄酮等功能性物质已经受到人们的重视。

五、花生加工副产物

花生加工得到花生油为主产物时，其副产物有花生壳、花生红衣和花生粕。

（一）花生壳

花生壳约占花生果质量的 30%，我国年产花生壳近 400 万 t，这些花生壳除少部分被用作饲料和燃料外，大部分被白白扔掉，造成了资源的极大浪费。花生壳主要成分是纤维素，含量为 66%~79%，此外花生壳中还含有甾醇、胡萝卜素、皂苷等药用成分，经处理后还可提取一些重要的化工原料，如醋酸、糠醛、丙酮、菲汀等。目前关于花生壳的综合利用研究报道较多，如利用花生壳提取天然黄色素作为食品添加剂；提取花生壳中的菲汀和糠醛作为重要的化工及医药原料使用；从花生壳中提取酚类物质，而后经一系列反应制备得到酚醛树脂类胶黏剂等。

（二）花生红衣

花生红衣是花生的主要副产物之一，其外观为红棕色膜质，主要成分有碳水化合物（48%~53%）、纤维素（21%~35%）、蛋白质（11%~13%）及多种色素和硒、锌、钙、钾、铁等元素。我国每年的产量约 600t，其除了少量用于制药外，其余都用作饲料。近年来，从花生红衣中提取天然色素、多酚类等抗氧化物质成为研究热点。花生衣红色素的主要成分为黄酮类化合物，此外还含有花色苷、黄酮等，作为红褐色着色剂主要用于西式火腿、糕点等产品中。花生红衣富含多酚类物质，如白藜芦醇和原花色素，具有抗花生仁酸败和氧化的作用。

（三）花生粕

花生粕是花生仁经压榨提炼油料后的副产物，富含蛋白质，适于在禽畜水产饲料中使用，也可以提取优质花生蛋白。花生蛋白属于完全蛋白，无腥味和涩味，比大豆蛋白易消化吸收，是良好的植物蛋白质源。目前花生粕相关的发酵食品种类广泛，如用于生产酸奶、干酪、醋、酱油和发酵火腿等。

第三节　粮油副产物的利用现状及发展前景

一、粮油副产物的利用现状

目前我国平均每天有超过 4 000 万 t 的农产品废弃物有待加工利用，但我国农产品的综合利用水平很低，仅停留在产品的"一级开发、二级开发"上，高值化利用率低。以植物蛋白资源为例，我国每年生产副产物豆粕 500 万 t、棉籽饼粕 200 万 t，但转化成食品的量不足 1%；同时还有 30 万 t 玉米蛋白粉、100 万 t 麦麸蛋白尚未被开发。此外，我国植物纤维资源的利用潜力更为丰富，每年有秸秆 5 亿~6 亿 t、米糠 1 000 万 t、稻壳 2 000 万 t、玉米芯 1 000 万 t，基本未被开发利用。

目前粮油食品加工工艺设计主要考虑主产物的纯度，副产物一般都是多种物质的组合，如蛋白质和脂肪类营养成分往往与纤维素、多糖等混杂在一起，同时还常含有一些人体难以消化吸收的物质或者抗营养因子，这也给副产物的加工带来很大的难度。副产物中的绝大部分组成成分都能被动物消化吸收，因此，目前对粮油加工副产物的主要利用途径是饲料加工，约有 80%~90% 的粮油副产物进入饲料加工领域。然而，目前的饲料利用也存在诸多不尽合理之处；并且这些粮油副产物并没有得到充分利用，农产品资源的潜力没有得到充分挖掘。

随着科技的发展，农产品靠数量取得效益的时期已经过去，必须加快从数量效益型向质量效益型的转变。我国农产品加工业的发展不能再以简单的消耗资源和增加劳动力来扩大生产，而应该提高原料的综合利用程度，走可持续性发展的道路。单一产品的加工不仅不能使我国有限的农产品资源得以充分、合理、有效的利用，还会带来环境污染问题。今后我国农产品加工业的发展将更加注重原料的综合利用程度，减少环境污染，并实现农产品原料的梯度加工增值，提高经济效益和生态效益。

二、粮油副产物的发展前景

（一）大力发展我国农副产品综合利用技术

我国农副产品深加工技术和能力由于长期受产业化工程技术的制约及产品质量低劣的影响，不仅远远落后于世界先进水平，而且滞后于自身产业发展的需要，已成为现阶段制约我国农副产品加工业发展的"瓶颈"。针对我国农产品加工产业面临的新形势，大力发展农副产品综合利用技术的研究与应用，是实现我国农副产品加工业长期、健康、可持续、快速发展的重要措施。

（二）农副产品综合利用中的质量控制越来越受到重视

食品安全问题已受到世人瞩目，我国政府、企业、科学界和民众也日益关注这一问题。而农副产品的终端产品往往是食品、药品、动物饲料的添加剂或中间品，所以在提高农副产品综合利用程度的同时，也要严格重视产品生产的原料、生产环节和产品终端的质量控制及其相关安全问题。

（三）农副产品加工的核心竞争力有待提高

随着我国经济融入全球经济的一体化，食品行业的竞争越演越烈，农副产品作为我国农业和食品行业的重要组成部分，将迎来新的发展机遇与挑战。这促使人们更新概念、加速发展、促进同世界各国的交流与合作、加快农副产品的发展历程。同时，我国农副产物产业必须充分利用现代科技手段和方法，采用先进的加工设备，提高其加工附加值，提高拥有核心竞争力的关键技术的能力，不断增强产品国内外市场竞争能力，开创农副产物加工的新局面。

三、粮油副产物的"吃干榨净"图

(一)小麦加工副产物的综合利用途径(图1-7)

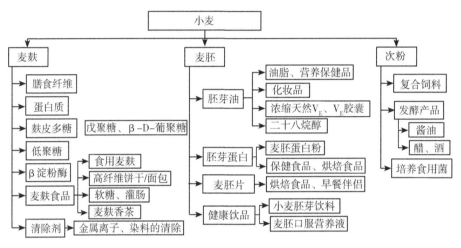

图1-7 小麦加工副产物的综合利用"吃干榨净"图

(二)稻谷加工副产物的综合利用途径(图1-8)

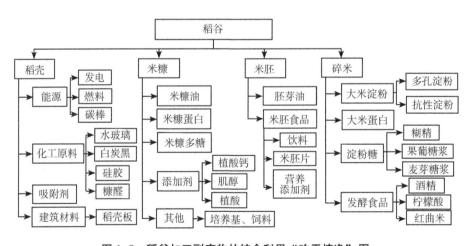

图1-8 稻谷加工副产物的综合利用"吃干榨净"图

（三）玉米加工副产物的综合利用途径（图1-9）

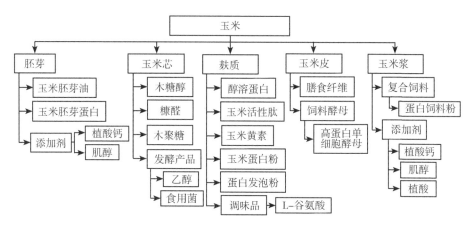

图1-9 玉米加工副产物的综合利用"吃干榨净"图

（四）大豆加工副产物的综合利用途径（图1-10）

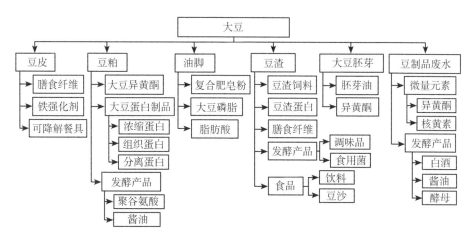

图1-10 大豆加工副产物的综合利用"吃干榨净"图

（五）花生加工副产物的综合利用途径（图1-11）

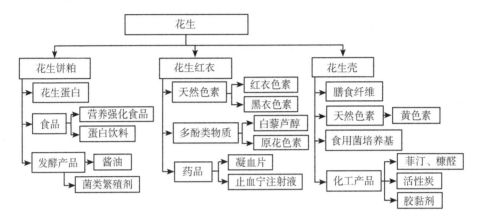

图1-11　花生加工副产物的综合利用"吃干榨净"图

思考题

1. 粮油作物的主要化学组成包含哪些？
2. 小麦加工制备面粉后的副产物有哪些？
3. 稻谷加工制备大米后的副产物有哪些？
4. 玉米加工制备玉米淀粉后的副产物有哪些？
5. 大豆加工制备豆制品后的副产物有哪些？
6. 大豆加工制备大豆油后的副产物有哪些？
7. 花生加工制备花生油后的副产物有哪些？

第二章 粮油副产物中碳水化合物的综合利用

第一节 粮油副产物中的碳水化合物资源

一、概述

碳水化合物是自然界中最为广泛的一类化合物，它提供人类膳食70%～80%的热量。碳水化合物具有不同的分子结构、大小和形状，使其具有不同的性质，可应用到不同的领域。自然界中的天然碳水化合物大多数是以高聚物（多糖）的形式存在，单糖和低分子质量的碳水化合物含量很少，一般分子质量较低的碳水化合物常由多糖水解得到。

部分碳水化合物的分子组成可用 $C_n(H_2O)_m$ 的通式表示，根据碳水化合物的化学结构特征，碳水化合物的定义为多羟基醛或者酮及其衍生物和缩合物。根据聚合度的不同，碳水化合物可分为单糖、低聚糖（DP 为 2～15，DP 代表聚合度）和多糖（DP>15）。其中主要的单糖为己糖和戊糖，己糖主要是葡萄糖和果糖，戊糖主要是木糖和阿拉伯糖；蔗糖和麦芽糖是粮油作物中重要的双糖。粮油作物中游离的单糖及低聚糖含量较少，一般在 1%～2%；粮油作物中95%的碳水化合物是多糖类物质。碳水化合物还可根据是否被人体吸收分为可被人体利用的和不能被人体利用的碳水化合物两大类，其中，可被人体利用的碳水化合物包括淀粉和可溶性糖类；不能被人体利用的碳水化合物包括组成谷物细胞壁结构的多糖，如阿拉伯木聚糖、β-葡聚糖、纤维素，以及其他的一些杂多糖。

碳水化合物与食品加工、烹调和保藏有着密切的关系，其中低分子质量的糖类可作为食品的甜味剂，如蔗糖、果糖等。高分子质量的糖类物质因能形成胶体结构而广泛应用于食品中作为增稠剂、稳定剂，如淀粉、果胶等；此外，它们还是食品加工过程中香味和色素的前体物质，对产品质量产生影响。

（一）单糖

单糖是指不能再水解的最简单的多羟基醛或酮及其衍生物，按照其官能团的特点，单糖可分为醛糖和酮糖，常见的醛糖包括 D-葡萄糖和鼠李糖，D-果糖是常见的酮糖。按所含碳原子数目的不同，单糖可分为丙糖、丁糖、戊糖、己糖、庚糖等，其中以己糖、戊糖最为重要，如葡萄糖、果糖为己糖，核糖属戊糖。

单糖多数以 D-糖形式存在，L-糖数量非常少。D-葡萄糖是最为丰富的碳水化合物；D-果糖是主要的酮糖，它是唯一商品化的酮糖，也是在天然食品中游离存在的唯一酮糖。

（二）低聚糖

低聚糖又称寡糖，是由 2~10 个单糖通过糖苷键连接形成的直链或支链的聚合糖类。自然界存在的低聚糖一般不超过 6 个单糖残基。食品中最重要的二糖有蔗糖、麦芽糖和乳糖。低聚糖具有低热量、难消化、抗龋齿、促进肠道中有益菌群（如双歧杆菌）增殖等生理功能，目前已经深受人们关注。主要谷物中的单糖和低聚糖含量见表 2-1。自然界中只有少数食品中含有天然的功能性低聚糖，如大豆中含有大豆低聚糖。从这些食品中提取的天然性低聚糖产品可全部或部分替代蔗糖而广泛应用在饮料、糖果、糕点、调味料和乳制品等食品中。

表 2-1　主要谷物中的单糖和低聚糖含量

谷物品类	葡萄糖/%	果糖/%	蔗糖/%	棉子糖/%	总含量/%
小麦	0.02~0.03	0.02~0.04	0.57~0.80	0.54~0.70	1.31~1.42
糙米	0.12~0.13	0.11~0.13	0.60~0.66	0.1~0.2	0.96~1.10
玉米	0.2~0.5	0.1~0.4	0.9~1.9	0.1~0.3	1.0~3.0

（续表）

谷物品类	葡萄糖/%	果糖/%	蔗糖/%	棉子糖/%	总含量/%
大麦	0.1~0.2	0.1	1.9~2.2	—	2.0~3.0
高粱	0.09	0.09	0.85	0.11	0.5~2.5

（三）淀粉

淀粉是由葡萄糖分子聚合而成的多糖，其基本构成单位为 α-D-吡喃葡萄糖，分子式为（$C_6H_{10}O_5$）$_n$。淀粉分为直链淀粉和支链淀粉两类。直链淀粉为无分支的螺旋结构，由若干葡萄糖残基以 α-1,4-糖苷键连接而成。支链淀粉为 24~30 个葡萄糖残基以 α-1，4-糖苷键首尾相连而成，在支链处为 α-1，6-糖苷键。

淀粉是谷物中含量最为丰富的一类碳水化合物，主要谷物中的淀粉含量见表 2-2。淀粉是食品、医药及化工行业重要的一类物质，它能为人类膳食提供能量，还可以赋予食品特定的质构和加工性能，因此淀粉作为一种食品加工助剂被广泛应用。淀粉还经常被改性用于生产不同的改性淀粉，使其更适于在不同行业中应用。另外，淀粉可进一步水解生产果葡糖浆、麦芽糖浆、蔗糖、果糖等淀粉糖类产品，也可通过发酵生产乙醇、柠檬酸等产品。

表 2-2　主要谷物中的淀粉含量

项目	小麦	大米	玉米	大麦	高粱	燕麦
含量/%	63~72	78~79	64~78	58~60	60~77	43~61

（四）膳食纤维

谷物中多糖除了淀粉外，还含有 10% 左右的组成谷物细胞壁的结构多糖，主要是半纤维素、β-葡聚糖、纤维素等。这类物质因不能被人体消化，故被称为谷物非淀粉多糖，是膳食纤维的主要组成。该类物质虽然不能够被人体消化吸收，但由于本身所具有的结构和理化特性，对谷物的品质、加工特性等具有重要的影响。

膳食纤维是粮油加工副产物中比例最大的成分，根据其水溶性不同可分为两种基本类型：水溶性纤维与非水溶性纤维。水溶性纤维包括树脂、果胶和一些半纤维素，粮油原料中的大麦、豆类、燕麦等食物都含有丰富的水溶性纤维；非水溶性纤维包括纤维素、木质素和一些半纤维素，小麦糠、玉米糠等具有较多的非水溶性纤维。

（五）戊聚糖

戊聚糖是一种非均一性的非淀粉多糖，除戊糖外，根据原料来源的不同，还含有一定量的葡萄糖、半乳糖、甘露糖、蛋白质、酚酸等。戊聚糖或半纤维素是谷物细胞壁中与纤维素紧密结合的几种不同类型多糖混合物，半纤维素相对于戊聚糖而言所包括的范围更广一些，由于戊聚糖和半纤维素是一类杂合多糖的统称，现更倾向于用其组成来命名该类物质，如阿拉伯木聚糖、阿拉伯半乳聚糖等。

戊聚糖广泛地应用于各类谷物中，尤其是小麦和黑麦。其主要原因是戊聚糖结构中阿魏酸的存在，它通过酯化与戊聚糖共价相连，对戊聚糖特性及谷物品质起着非常重要的作用。研究发现，谷物的皮层具有较强的抗氧化作用，发挥功效的主要物质是阿魏酸。小麦粉面团混合过程中，随着时间的延长，面团的筋力出现衰减，即品质变差，这主要是阿魏酸所引起。

二、麦麸

麦麸的主要营养成分见表2-3。麦麸中含有大量的碳水化合物，其质量分数在50%左右，其碳水化合物以细胞壁多糖为主，占整粒小麦中细胞壁多糖的质量分数的9%左右，分为水溶性和非水溶性两类，主要由戊聚糖、(1-3，1-4)-3-D-葡聚糖和纤维素组成，它对小麦的加工、品质和营养等起着非常重要的作用。麦麸多糖具有较高的黏性，并且具有较强的吸水、持水特性，可用作食品添加剂，如保湿剂、增稠剂、乳化稳定剂等；另外，还具有较好的成膜性能，可用来制作食用膜等。小麦麸皮中还含有10%左右的淀粉，主要来自麸皮中粘连的胚乳。

表2-3　麦麸的主要营养成分

项目	碳水化合物	蛋白质	脂肪	纤维素	灰分
含量/%	45~65	12~18	3~5	35~50	4~6

三、碎米

稻谷加工成大米，成品分级时得到副产物碎米，碎米的多少与稻谷的品种、新鲜度、加工工艺及生产操作等因素密切相关，一般为大米成品的30%~40%。碎米与大米的营养价值近似，由于外观上的缺陷，使得经济价值比大米低，其化学组成见表2-4。碎米中的碳水化合物以淀粉为主，约占碎米质量的70%~80%，因此，目前对碎米深加工研究的一个重要方向是开发大米淀粉产品。

表2-4　碎米的化学组成

项目	淀粉	蛋白质	灰分	脂肪
含量/%	70~80	7~9	1~2	1~2

四、玉米皮

玉米皮在化学组成上是以纤维素和半纤维素为主，占比高达55%~65%，因而玉米皮是膳食纤维的良好来源，特别是可溶性部分，主要是半纤维素，玉米皮的化学组成见表2-5。玉米皮中木质素的含量很低，仅约为5%，与其他玉米加工副产物相比，玉米芯中的木质素含量为17%~20%、秸秆中为20%，木质素的存在不利于可溶性膳食纤维和多糖的提取，因此，玉米皮的天然组成有利于膳食纤维，尤其是可溶性多糖的提取。

表2-5　玉米皮的化学组成

成分	含量/%	成分	含量/%
蛋白质	21.7	木质素	5.8
淀粉	14.1	灰分	2.2
纤维素	19.2	其他	7.4
半纤维素	29.6		

五、玉米芯

玉米芯的主要化学组成见表2-6。随着生物质能的发展，利用木质纤维素生产能源产品与化工品已经受到人们的重视，例如，以玉米芯为原料生产木糖醇、糠醛等产品，使得玉米芯资源得以高值化开发利用。

表2-6　玉米芯的化学组成

项目	纤维素	多缩戊糖	木质素	蛋白质	脂肪	灰分
含量/%	32~36	35~40	17~20	1.9~3.7	0.27~0.7	1.6~8.7

六、大豆皮

大豆皮主要成分是膳食纤维和蛋白质，粗纤维含量约占38%，主要化学组成见表2-7。由于豆皮中具有明显生理功能的膳食纤维的含量较高，目前含有豆皮纤维的产品主要有膳食纤维饮料、面包、饼干等，添加量可达10%。此外，大豆中约有32%的铁元素集中在豆皮内，所以大豆皮可为诸如焙烤食品和早餐麦粥之类的食物提供铁元素。

表2-7　大豆皮的化学组成

项目	粗蛋白	粗纤维	脂肪	半纤维素	果胶类	木质素
含量/%	9~12	38	22	15	3~5	2

七、豆渣

豆渣是传统豆制品，如豆腐、豆奶等的副产物，大豆分离蛋白生产过程中分离出来的不溶性碳水化合物也属于豆渣类。豆渣约占全豆干物质量的15%~20%，其化学组成见表2-8。豆渣经烘干后，膳食纤维含量高达50%以上，因此，豆渣被视为新兴的膳食纤维资源。通过碱性过氧化氢处理可以改变大豆渣纤维的理化性质，如色泽、持水性、溶胀性等指标，所得产物的膳食纤维含量达 94%。研究表明，大豆纤维可以明显地提高面粉的吸水性和面团稳定性，强化面团筋力和韧性，同时能降低其延展性。可溶性大豆多糖是一种从大豆中提取的水溶性多糖，其溶液的黏度几乎不受盐类影响，热稳定性也优于其他糖类，具有分散性、稳定性、乳化性和黏着性等多种功能。

表 2-8 豆渣的化学组成

项目	蛋白质	脂肪	低聚糖	纤维素	灰分
含量/%	23	20	38	15	6

八、花生壳

花生壳主要成分是粗纤维，含量可达 66%~79%，其化学组成见表2-9。此外，花生壳经处理后还可制备一些重要的化工原料，如醋酸、糠醛、丙酮、甲醇、菲汀等。

表 2-9 花生壳的化学组成

项目	戊糖	粗蛋白	粗脂肪	粗纤维
含量/%	16~18	5~7	1.2~1.8	66~79

第二节 粮油副产物中碳水化合物资源的生产技术

一、大米淀粉的生产技术

(一) 大米淀粉的介绍

大米淀粉相比于其他淀粉而言，具有优异的理化和生理特性，使得近年来其生产和应用受到越来越多的研究者和制造商的关注。

（1）粒径小。在所有已知谷物淀粉当中，大米淀粉颗粒的粒径最小，平均粒径仅为 2 ~ 8μm，而玉米淀粉为 5 ~ 25μm、马铃薯淀粉为 15 ~ 100μm。

（2）吸附风味物质。大米淀粉颗粒表面的孔洞可以吸附更多的风味物质，因而作为添加剂使用时能够让食品在加工和贮藏过程中风味保持得更持久，且其在口腔中易溶的特性还有利于食品风味物质更清爽快速地到达味蕾。

（3）替代脂肪。由于大米淀粉颗粒和均质后的脂肪球具有几乎相同的尺寸，因此大米淀粉与脂肪具有相似的滑润细腻的口感，可作为脂肪替代品用于脱脂、低脂食品以及化妆品中。

（4）改善产品感官品质。大米淀粉是所有淀粉产品中颜色最白的，可作为糖果或药片外的光泽包衣；同时在糊化状态下大米淀粉具有柔软的稠度和奶油的气味，并且组织细腻、容易涂开，因此能很好地改善食品的口感。

（5）独特的生理功能。大米是唯一可以免于过敏实验的谷物，其结合蛋白至今也尚未发现有过敏性案例，大米淀粉具有易消化性，其消化率为 98% ~ 100%，因此，大米淀粉和大米蛋白产品在婴幼儿、特种食品以及药品中被广泛应用。

（二）大米淀粉的制备工艺

若要从大米胚乳中获得纯度较高的大米淀粉，则需要尽可能地将其中的蛋白质成分除去。而大米胚乳中淀粉与蛋白质结合紧密，特别是占胚乳总蛋白质绝大部分的 PB-Ⅱ，它不溶于水，且多为碱溶性的谷蛋白，生产上常用的水磨、水洗等方法不能将其完全分离。因此，要生产高纯度的大米淀粉，需要通过碱、表面活性剂或者特异性蛋白酶来除去大米中的蛋白质。

1. 碱浸法制备工艺

（1）原理及工艺流程。碱浸法是最常用的工业化制备大米淀粉的方法。其加工原理为：大米中蛋白质至少有 80% 是碱溶性蛋白，而添加的碱液能使包裹在淀粉颗粒外的蛋白质体结构变疏松，同时对蛋白质分子间的次级键特别是氢键有破坏作用，致使蛋白质分子能与淀粉发生相对分离，从而获得纯度较高的大米淀粉产品。以碎米为原料采用碱浸法制备大米淀粉的工艺流程如图 2-1 所示。

图 2-1　碱浸法制备大米淀粉工艺流程图

（2）工艺要点说明。

①称量、去杂、浸泡。称取一定量的碎米，通过筛选、磁选等方法除去轻杂、金属杂质等，而后通过输送带将碎米传入浸泡罐中，常温水浸泡直至米粒充分浸润，通常为 1~4h，浸泡结束后排出浸泡水至污水处理。

②粉碎。以湿法粉碎为主，将浸泡后的碎米粉碎至一定的细度，便于碱浸过程充分反应，粉碎后的物料进入碱浸罐中反应。

③碱浸、中和。用浓度为 0.2%~0.5% 的氢氧化钠浸泡，碱液添加量约为碎米的 2 倍，浸泡温度 25~50℃，浸泡时间 24~48h，浸泡过程根据需要进行换水或搅拌等操作。碱浸后的浆料通过离心分离得到的沉淀，再经调浆、中和、离心后获得沉淀。碱浸废液中富含大量的蛋白质，生产上通过调节 pH 值将蛋白质沉淀、分离、干燥。

④干燥。生产上对大米淀粉的干燥常用气流干燥机进行。通过控制气流干燥机的各项参数，将中和离心后的沉淀经干燥后获得品质合格的大米淀粉产品。

（3）工艺优缺点分析。碱法制备大米淀粉具有蛋白质提取效率高、工艺简单等特点，适用于工业化生产；但分离过程会产生大量的碱性废液，给水处理增加很大负担。此外，研究表明，高浓度的碱液浸提会对大米淀粉的结构和性质产生一定的负面影响，同时会与回收废水中的蛋白质产生一些不良反应，从而降低大米淀粉制备的经济效益。

2. 酶法制备工艺

（1）原理及工艺流程。酶法主要采用的是蛋白酶，它能特异性地将大米胚乳中的蛋白质水解，降低蛋白质的分子量，增加其在水中的溶解度，而与大米淀粉不溶于水的特性产生溶解度性质差异，从而实现大米蛋白与淀粉的相对分离。以碎米为原料采用酶法制备大米淀粉的工艺流程见图 2-2。

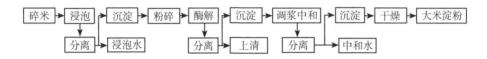

图2-2　酶法制备大米淀粉工艺流程图

（2）工艺要点说明。

①称量、去杂、浸泡、粉碎。同碱浸法。

②酶解反应。生产上常选取碱性蛋白酶，取湿磨大米粉配成浓度约25%溶液，于50~55℃、pH值9~10条件下加入0.5%的蛋白酶，搅拌反应5h左右，反应过程根据需要补充碱液以维持pH值恒定。

③分离、中和、干燥、成品。酶解反应结束后，通过离心、中和、水洗的方式将富含蛋白质的部分去除，获得的沉淀经干燥后即为大米淀粉成品。

（3）工艺优缺点分析。酶法工艺中分离得到的蛋白质被破坏的程度较小，因而其副产物还可进一步加工得到大米蛋白、功能性肽等产品；但酶法工艺条件相比碱浸法更温和，因此，酶法工艺制备得到的大米淀粉得率较低。

（三）大米淀粉产品的相关标准

大米淀粉产品参照国家标准《GB 31637—2016 食品安全国家标准　食用淀粉》，其中，大米淀粉归属于谷类淀粉，该标准从感官要求、理化指标、污染物限量、微生物限量及食品添加剂和食品营养强化剂等方面做出了明确的要求，具体见表2-10、表2-11和表2-12。

表2-10　《GB 31637—2016 食品安全国家标准　食用淀粉》标准中的感官要求

项目	要求
色泽	白色或类白色，无异色
气味	具有产品应有的气味，无异嗅
状态	粉末或颗粒状，无正常视力可见外来异物

表 2-11 《GB 31637—2016 食品安全国家标准 食用淀粉》标准中的理化指标

项目	指标
水分*/（g/100g）	
谷类淀粉	≤14.0
薯类、豆类和其他类淀粉（不含马铃薯淀粉）	≤18.0
马铃薯淀粉	≤20.0

注：* 不适用于变性淀粉。

表 2-12 《GB 31637—2016 食品安全国家标准 食用淀粉》标准中的微生物限量

项目	采样方案及限量			
	n	c	m	M
菌落总数/（CFU/g）	5	2	10^4	10^5
大肠菌群/（CFU/g）	5	2	10^2	10^3
霉菌和酵母/（CFU/g）	≤10^3			

二、大米淀粉糖的生产技术

（一）淀粉糖简介

1. 淀粉糖的种类

（1）全糖。酶法水解淀粉所得葡萄糖液经脱色、交换并浓缩至 75% 以上成为全糖浆，直接喷雾成颗粒状产品，或冷却浓糖浆成块状，切削成粉末产品，称为"全糖"，其主要组成为葡萄糖，还有少量低聚糖等。

（2）麦芽糊精。淀粉水解程度低、DE 值≤20 的产品，称为麦芽糊精，一般喷雾干燥成粉末状。含葡萄糖和麦芽糖很少，口感微甜或不甜。

（3）麦芽糖浆。麦芽糖浆中的主要成分为麦芽糖，其含量 40%~50%。

麦芽糖含量达 90% 以上的产品称为超高麦芽糖浆。

（4）果葡糖浆。酶法水解淀粉所得溶液中葡萄糖含量达 95% 以上，经用异构酶将 42% 的葡萄糖转变成果糖，制备得到这两种糖的混合糖浆称为 F-42 果葡糖浆；又经用色谱分离技术获得纯度在 90% 以上的果糖液，再与适量的葡萄糖液混合生产果糖含量为 55% 和 90% 的两种产品，工业上分别称为 F-55 和 F-90 果葡糖浆。

（5）结晶葡萄糖。用酶法水解淀粉所得的溶液中葡萄糖含量 95% ~ 97%，精制、浓缩、冷却结晶得含水 α-葡萄糖，蒸发结晶则得无水葡萄糖。按产品用途，结晶葡萄糖又分为注射用葡萄糖、口服用葡萄糖和工业用葡萄糖等。

（6）结晶果糖　由高纯度果糖液经浓缩、结晶制得，在天然糖品中甜度最高。

2. 淀粉糖的性质

（1）甜味。甜味的高低称为甜度，以蔗糖为标准，由评味人在一定条件下尝试，比较不同糖品的相对甜度。蔗糖的甜度设为 100，各种淀粉糖品的相对甜度列于表 2-13。

糖品的甜度受若干因素影响，特别是浓度。在较低的浓度下，葡萄糖的甜度低于蔗糖，但随着浓度的增大，差别则逐渐减小。12.7% 葡萄糖溶液的甜度相当于 10.0% 蔗糖溶液；21.8% 葡萄糖溶液的甜度相当于 20% 蔗糖溶液；31.5% 葡萄糖溶液的甜度相当于 30.0% 蔗糖溶液；在浓度为 40% 及以上时，葡萄糖溶液与蔗糖溶液的甜度相等。一般讲葡萄糖的甜度比蔗糖低，是指在较低浓度情况下。

表 2-13　淀粉糖品的相对甜度

糖品	相对甜度	糖品	相对甜度	糖品	相对甜度
蔗糖	100	葡萄糖	70	果葡糖浆 F-90	140
果糖	180	麦芽糖	50	山梨醇	50
糖浆 42DE	50	果葡糖浆 F-42	100	木糖醇	100
糖浆 62DE	60	果葡糖浆 F-55	110	甘油	80

（续表）

糖品	相对甜度	糖品	相对甜度	糖品	相对甜度
乳糖	40	半乳糖	60	麦芽糖醇	90

（2）溶解度。不同糖品的溶解度各不相同，果糖最高，其次是蔗糖、葡萄糖，例如：室温下，当葡萄糖浓度高于50%时，将会结晶析出。葡萄糖溶于水的速度比蔗糖慢很多，不同葡萄糖异构体之间也存在差别，例如：设蔗糖的溶解速度为1，则无水 β-葡萄糖、无水 α-葡萄糖和含水 α-葡萄糖的溶解速度分别为1.40、0.55 和0.35。

（3）结晶性质。不同糖品的结晶性质和晶体大小不同，例如：蔗糖易于结晶，晶体能长得很大；葡萄糖也较易于结晶，但晶体细小；果糖难结晶；糖浆是葡萄糖、低聚糖和糊精的混合物，不能结晶，并能防止蔗糖结晶。这种结晶性质与产品的应用性能直接相关，例如：生产硬糖果不能单独用蔗糖，因为当熬煮到水分1.5%以下，冷却后蔗糖结晶易碎裂，不能得到坚韧、透明的产品。工业上储存葡萄糖溶液一般是在较高的温度下储存较高浓度的溶液，如浓度70%、温度55℃，葡萄糖储存性较好。

（4）吸潮性和保潮性。吸潮性是指在较高空气湿度的情况下吸收水分的性质；保潮性是指在较高湿度下吸收水分和在较低湿度下散失水分的性质。果糖的吸潮性为各种糖品中最高的。葡萄糖经氯化生成的山梨醇具有良好的保潮性质，作为保水剂广泛应用于食品、烟草、纺织等工业，效果比甘油还好。软糖果则需要保持一定的水分，以避免在干燥环境中变干。因此，应用高转化糖浆和果葡糖浆为宜；面包、糕点类食品也要保持松软，也应用高转化糖浆和果葡糖浆为宜。

（5）渗透压力。糖品虽不是消毒剂，但较高浓度的糖液能抑制多种微生物的生长，这是由于糖液的渗透压力使微生物菌体内的水分被吸走，生长受到抑制。单糖的渗透压力高于二糖约2倍，因此葡萄糖和果糖比蔗糖具有较高的渗透压力和食品保藏效果。不同微生物受糖液抑制生长的性质存在差别。50%蔗糖溶液能抑制一般酵母生长；抑制细菌和霉菌生长则需要含量较高的糖液，分别约为65%和80%。果葡糖浆的糖分组成为葡萄糖和果糖，渗透压力较高，储存性好，不易感染杂菌而败坏。

（6）黏度。葡萄糖和果糖的黏度较低，糖浆的黏度较高，葡麦糖浆的黏度随转化程度增大而降低。在实际产品开发应用时，可利用其黏度提高产品的稠度和可口性，例如，雪糕中应使用低转化率的葡麦糖浆，以提高其黏稠性，使其更为可口。

（7）抗氧化性。糖溶液具有抗氧化性，有利于保持水果的风味、颜色和维生素 C 含量，不致因氧化反应而发生变化。这是因为氧气在糖溶液中的溶解量较水溶液低很多的缘故。

（二）大米淀粉糖的制备

1. 淀粉酶

能参与淀粉水解、转化及合成的各种酶均可称为淀粉酶。常用的淀粉酶有 α-淀粉酶、β-淀粉酶、糖化酶和脱支酶等，具体见表 2-14。

表 2-14　常用淀粉酶

EC 编号	系统名称	常用名	作用特性	来源
EC 3.2.1.1	α-1,4-葡聚糖-4-葡聚糖水解酶	α-淀粉酶、液化酶、内切型淀粉酶	不规则地分解淀粉、糖原类物质的 α-1,4 键	唾液、胰脏、麦芽、霉菌、细菌
EC 3.2.1.3	α-1,4-葡聚糖-4-葡萄糖水解酶	糖化酶、淀粉葡萄糖苷酶、葡萄糖淀粉酶	从非还原性末端以葡萄糖为单位顺次分解淀粉、糖原类的 α-1,4 键	霉菌、细菌、酵母等
EC 3.2.1.2	α-1,4-葡聚糖-4-麦芽糖水解酶	β-淀粉酶、外切型淀粉酶	从非还原性末端以麦芽糖为单位顺次分解淀粉、糖原类物质的 α-1,4 键	甘薯、大豆、大麦、麦芽等高等植物以及细菌等微生物
EC 3.2.1.9	支链淀粉-6-葡聚糖水解酶	异淀粉酶、淀粉（1,6）-糊精酶、脱支酶	分解支链淀粉、糖原中 α-1,6 键	植物、酵母、细菌

淀粉酶种类不同，对淀粉的作用方式也不同；不同的淀粉酶对淀粉的催化水解或对各种淀粉水解物的催化转化具有高度的专一性，这种情况与酸水解淀粉有很大的区别。各种酶作用位点示意见图 2-3。

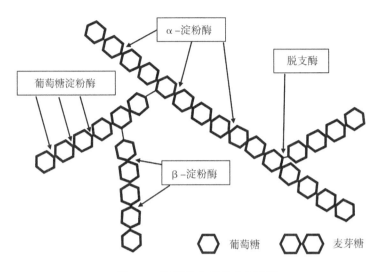

图2-3　淀粉酶作用位点示意图

在葡萄糖及淀粉糖浆生产时应用α-淀粉酶与糖化酶的协同作用，前者将高分子的淀粉水解为短链糊精，后者便迅速地把短链糊精水解成葡萄糖。同理，生产麦芽糖时，则用α-淀粉酶与β-淀粉酶配合，α-淀粉酶转变的短链糊精被β-淀粉酶水解成麦芽糖。脱支酶在淀粉制糖工业上的主要应用是和β-淀粉酶或糖化酶协同糖化，提高淀粉转化率，以及麦芽糖或葡萄糖得率。

（1）α-淀粉酶。

①温度。α-淀粉酶较耐热，但不同来源α-淀粉酶具有不同的热稳定性和最适反应温度。目前市售酶制剂中，以地衣芽孢杆菌所产的α-淀粉酶耐热性最高，其最适反应温度达95℃左右，瞬间可达105~110℃，因此该酶又称耐高温淀粉酶。由枯草杆菌生产的α-淀粉酶最适反应温度为70℃，称为中温淀粉酶。来源于真菌的α-淀粉酶，最适反应温度仅为55℃左右，为非耐热性淀粉酶，一般作为糖化酶使用。

②pH值。一般而言，工业生产用α-淀粉酶均不耐酸，当pH值低于4.5时，酶活力基本消失；在pH值为5.0~8.0时酶活性较稳定，最适pH值为5.5~6.5。不同来源的α-淀粉酶在此范围内略有差异。

③金属离子。不同来源的α-淀粉酶均含钙离子，钙离子与酶分子结合

紧密，能保持酶分子最适空间构象，使酶具有最高活力和最大稳定性。钙盐能提高细菌 α-淀粉酶的热稳定性，液化操作时在淀粉乳中加少量钙离子，可增强其耐热力至 90℃以上。

（2）β-淀粉酶。

①温度、pH 值。β-淀粉酶和 α-淀粉酶的最适 pH 值范围基本相同，一般均为 5.0~6.5，但 β-淀粉酶的稳定性明显低于 α-淀粉酶，一般 70℃以上就失活。不同来源的 β-淀粉酶稳定性也有较大的差异，大豆 β-淀粉酶最适酶解温度为 60℃左右，而细菌 β-淀粉酶最适酶解温度一般低于 50℃。

②金属离子。β-淀粉酶活性中心含有巯基，因此一些氧化剂、重金属离子及巯基试剂均可使其失活，而还原性的谷胱甘肽、半胱氨酸对其有保护作用。

（3）糖化酶。不同来源的葡萄糖淀粉酶在糖化的最适温度和 pH 值上存在一定的差异。其中，黑曲霉为 55~60℃，pH 值 3.5~5.0；根霉 50~55℃，pH 值 4.5~5.5；糖化时间根据相应淀粉糖质量指标中 DE 值的要求而定，一般为 12~48h，为了避免长时间糖化保温过程中细菌的生长，糖化温度一般采用 55℃以上。

2. 淀粉糖的制备工艺

图 2-4　碎米制备全糖的工艺流程图

图 2-5　碎米制备麦芽糊精的工艺流程图

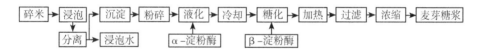

图 2-6 碎米制备麦芽糖浆的工艺流程图

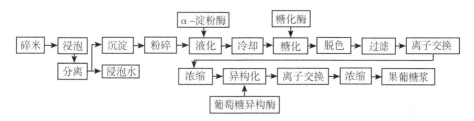

图 2-7 碎米制备果葡糖浆的工艺流程图

3. 淀粉糖生产过程中的关键步骤

（1）液化。淀粉液化使糊化后的淀粉发生部分水解，暴露出更多可被糖化酶作用的非还原性末端。液化酶使糊化淀粉水解到糊精和低聚糖程度，此时的反应液黏度降低、流动性增高，所以工业上称为"液化"。液化过程需要注意以下 4 点。

①充分糊化是必要的。碎米淀粉颗粒的结晶性结构对于酶的水解作用抵抗力强，所以液化酶不能直接作用于淀粉，而是需要先通过加热淀粉乳，破坏其结晶结构，使其充分糊化，液化酶才能发挥其水解作用。

②液化程度需要控制。在液化过程中，淀粉糊化、水解成较小的分子，应当达到何种程度合适？根据生产实践，淀粉在液化工序中水解到 DE 值 15~20 范围合适。其原因主要有以下 4 个方面：a. 葡萄糖淀粉酶属于外切酶，水解只能从底物分子的非还原末端开始，底物分子越小，水解的机会就越小，因此就会影响到糖化的速度；b. 糖化酶是先与底物分子生成络合结构，而后发生水解催化作用，这需要底物分子的大小具有一定的范围，有利于生成这种络合结构，过大或过小都不适宜；c. 虽然液化时间延长，其最终水解产物也是葡萄糖和麦芽糖等，但这样所得糖液中葡萄糖值低；d. 液化时间延长，一部分已液化的淀粉又会重新结合成胶束

状态，使糖化酶难以作用，影响葡萄糖的产率，因此必须控制液化的程度。

③液化的方法。液化的方法有 3 种：升温液化法、高温液化法和喷射液化法。较常用且效果较好的是喷射液化法，该方法已在淀粉糖行业中推广使用。具体操作为：先将喷射器预热到 80~90℃，用位移泵将淀粉乳打入，与高温蒸汽混合，从而引起糊化、液化。蒸汽喷射产生的湍流使淀粉受热快且均匀，黏度降低也快。液化的淀粉乳由喷射器下方卸出，引入保温桶中，在 85~90℃保温约 40min 达到需要的液化程度。此法的优点是液化效果好，蛋白质类杂质的凝结好，糖化液的过滤性质好，设备体积小，也适于连续操作。

④液化后需要及时灭酶。液化达到终点后，酶活力逐渐丧失，为避免液化酶对糖化酶的影响，需对液化反应液进行灭酶处理。一般是将液化后的反应液升温至 100℃保持 10min 即可完成。

（2）糖化。糖化是利用糖化酶从淀粉、糊精的非还原性末端开始水解 α-1,4 葡萄糖苷键，使葡萄糖或麦芽糖单元逐个分离出来，从而产生葡萄糖或麦芽糖。

①糖化的方法。糖化操作比较简单，将淀粉液化后的反应液引入糖化桶中，调节到适当的温度和 pH 值，加入需要量的糖化酶制剂，保持 2~3d 达到最高的葡萄糖值，即得糖化液。

②当葡萄糖含量升到最高值时应当停止反应，否则葡萄糖值将趋于降低。这是因为葡萄糖发生复合反应，一部分葡萄糖又重新结合生成异麦芽糖等复合糖类，这种反应在较高的酶浓度和底物浓度的情况下更为显著。糖化酶对于葡萄糖的复合反应亦具有催化作用。

③糖化后的灭酶工艺。糖化液在 80℃、加热 20min，酶活力全部消失。实际生产中糖化后并没有单独加热灭酶步骤，而是直接进入到脱色过程。因为活性炭脱色步骤一般是在 80℃保持 30min，此时酶活力也同时消失。

（3）精制。糖化液的组成因糖化程度而不同，为葡萄糖、低聚糖和糊精等。另外，还有糖的复合和分解反应产物、存在于淀粉原料中的各种杂质及作为催化剂的酸或酶等，这些杂质对于糖浆的质量、结晶的效果、葡萄糖的产率等都会产生不利的影响，因此，需要对糖化液进行精制处理，以尽可能地除去这些杂质。糖化液精制的方法一般采用中和、过滤、脱色和离子交换树脂等方法进行处理。

①中和。酸法糖化工艺需要中和，酶法糖化一般不用中和。使用盐酸作为催化剂时，用碳酸钠中和；用硫酸作为催化剂时，用碳酸钙中和。

在这里并不是中和到真正的中性点（pH 值 7.0），而是中和大部分催化用的酸，同时调节 pH 值到蛋白质等胶体物质的等电点（pH 值 4.8~5.2），此时胶体凝结成絮状物。若在糖化液中加入一些带负电荷的胶性黏土（如膨润土）为澄清剂，能更好地促进蛋白质类物质的凝结，降低糖化液中蛋白质的含量。

②过滤。过滤就是除去糖化液中的不溶性杂质，目前普遍使用板框过滤机，同时最好用硅藻土为助滤剂来提高过滤速度，延长过滤周期，提高滤液澄清度。

为了提高过滤速度，糖液过滤时要保持一定的温度，防止黏度增加，同时要正确地掌握过滤压力。但当超过一定的压力差后，继续增加压力，滤速也不会增加，反而会使滤布表面形成一层紧密的滤饼层，使过滤速度迅速下降。所以，过滤压力应缓慢加大。

③脱色。工业上一般采用骨炭和活性炭脱色，活性炭又分颗粒炭和粉末炭两种。骨炭和颗粒炭可以再生重复使用，但因设备复杂，仅在大型工厂使用。一般中小型工厂使用粉末活性炭，重复使用 2~3 次后弃掉，成本较高，但设备简单、操作方便。

脱色工艺需要控制一系列参数才能达到较好的效果。具体如下：a. 糖液的温度：在较高温度下，糖液黏度较低，容易渗透到活性炭吸附的内表面，对吸附有利；但温度不能太高，以免引起糖的分解而着色，一般以 80℃为宜。b. pH 值：糖液 pH 值对活性炭吸附没有直接关系，但一般在较低 pH 值下脱色效率较高，葡萄糖也稳定，工业上常以中和操作的 pH 值 4.8~5.2 作为脱色的 pH 值范围。c. 脱色时间：一般认为吸附是瞬间完成的，为了使糖液与活性炭充分混合均匀，脱色时间以 25~30min 为好。d. 活性炭用量：活性炭用量少，利用率高，但最终脱色差；而用量大，可缩短脱色时间，但单位质量的活性炭脱色效率降低。因此，一般采取分次脱色的办法，以充分提高脱色效率。

④离子交换树脂处理。糖液经活性炭处理后仍有部分无机盐和有机杂质存在，工业上采用离子交换树脂处理糖液，起到离子交换和吸附的作用。经离子交换树脂处理的糖液，灰分可降低到原来的 1/10，对有色物质去除彻底，因而不但产品澄清度好，而且久置也不变色，有利于产品的保存。离子交换树脂分为阳离子交换树脂和阴离子交换树脂两种，目前普遍串联使用两

对阳、阴离子交换树脂滤床。

（4）浓缩。经过净化精制的糖液浓度比较低，不便于运输和储存，必须将其中大部分水分去掉，即采用蒸发法使糖液浓缩，达到要求的浓度。

淀粉糖浆为热敏性物料，受热易着色，所以要在真空状态下进行蒸发，以降低液体的沸点。一般蒸发温度不宜超过68℃，蒸发操作有间歇式、连续式和循环式3种。采用间歇式蒸发，糖液受热时间长，不利于糖浆的浓缩，但设备简单，最终浓度容易控制，有的小型工厂还采用间歇式蒸发操作。采用连续式蒸发，糖液受热时间短，处理量大，设备利用率高，但最终浓度不易控制，在浓缩比很大时难以一次蒸发达到要求。采用循环式蒸发可使一部分浓缩液返回蒸发器，物料受热时间比间歇式短，浓度也较易控制，适合糖液的浓缩。蒸发操作中的主要费用是蒸汽消耗量，为了节约蒸汽，可采用多效蒸发，既充分利用了二次蒸气，又节约了大量的冷却用水。

（三）淀粉糖产品的相关标准

淀粉糖产品的相关标准主要参考《GB/T 28720—2012 淀粉糖分类通则》和《GB 15203—2014 食品安全国家标准　淀粉糖》两则标准。其中，《GB/T 28720—2012 淀粉糖分类通则》标准中将淀粉糖按照组成成分、物理形态和产品用途分别进行了分类界定；《GB 15203—2014 食品安全国家标准　淀粉糖》标准从原料、感官要求、污染物限量、食品添加剂4个方面对淀粉糖做出了明确的规定。表 2-15 列出了淀粉糖产品感官的具体要求。

表 2-15　《GB 15203—2014 食品安全国家标准　淀粉糖》标准中的感官要求

项目	要求	
	液体淀粉糖	固体淀粉糖
色泽	无色、微黄色或棕黄色	白色或略带浅黄色
滋味*、气味	甜味温和、纯正，无异味	甜味温和、纯正，无异味
状态	黏稠状透明液体，无正常视力可见外来异物	粉末或结晶状态，无正常视力可见外来异物

注：* 麦芽糊精滋味为不甜或微甜。

三、玉米皮、豆渣、麦麸制备膳食纤维的生产技术

（一）粗分离法制备玉米皮膳食纤维

1. 原理及工艺流程

生产玉米淀粉的副产物玉米皮渣是制备膳食纤维的良好原料。以玉米皮渣为原料采用粗分离法制备膳食纤维的工艺流程如图 2-8 所示，提纯原理主要利用了膳食纤维与杂质间溶解度、粒度、密度的差异。

图 2-8　玉米皮渣生产膳食纤维的制备工艺流程图

2. 工艺要点说明

（1）原料预处理、粉碎。以玉米皮为原料，采用锤片粉碎机将其粉碎至大小可全部通过 30～60 目筛。

（2）溶解除杂。粉碎后的物料加水调浆至固形物含量为 2%～10%，搅拌反应 6～8min，以使蛋白质和糖类溶解；但是时间不宜太长，以免胶类物质和部分水溶性半纤维素溶解而使得率降低。浆液的 pH 值保持在中性或偏酸性；若 pH 值过高，则反应后的物料易发生褐变而色泽加深。

（3）过滤、漂白。将上述处理液通过带筛板的振荡器进行过滤；滤饼重新分散于 25℃、pH 6.5 的水中，固形物浓度保持在 10% 以内，通过 100mg/kg 的过氧化氢进行漂白，25min 后经离心或再次过滤得到白色的湿滤饼。

（4）干燥、成品。滤饼干燥至含水 8% 左右，用高速粉碎机使物料全部通过 100 目筛，即得天然玉米皮膳食纤维。产品得率约为 70%，半纤维素含量为 60%～80%。

3. 玉米皮膳食纤维的相关标准

玉米皮膳食纤维产品参照中国轻工行业标准《QB/T 5028—2017 粮谷纤维》，该标准从原料、感官要求、理化指标、食品安全要求等方面做出了明确的规定，具体见表 2-16 和表 2-17。

表 2-16　《QB/T 5028—2017 粮谷纤维》标准中的感官要求

项目	要求
色泽	白色至（或）原料特有的色泽
状态	均匀粉末、颗粒、片状或纤维状
气味	无异味
杂质	无正常视力可见外来杂质

表 2-17　《QB/T 5028—2017 粮谷纤维》标准中的理化指标

项目	要求		
	小麦纤维	燕麦纤维	玉米纤维
总膳食纤维含量（以干基计）/%	80~102	80~102	≥60
干燥失重/%	≤8	≤8	≤8
pH 值	5~8	5~8	5~8
灰分/%	≤5	≤5	≤5
淀粉含量（以干基计）/（g/100g）	—	—	≤40

（二）化学分离法制备高纯度大豆膳食纤维

1. 原理及工艺流程

以豆渣为原料采用化学分离法制备膳食纤维的工艺流程如图 2-9 所示，提纯原理是利用酸和碱等化学试剂溶解杂质，从而与不溶性的膳食纤维发生相对分离。

图 2-9　豆渣生产膳食纤维的制备工艺流程图

2. 工艺要点说明

（1）原料、浸泡。将干豆渣用水浸泡直至胀润。

（2）碱解、漂洗。将配制好的浓度为 1% 的 NaOH 溶液按固液比 1∶6 加入浸泡好的豆渣中，并在搅拌的条件下浸泡 1h，使之充分反应。反应结束后的固形物经漂洗至中性。

（3）酸解、漂洗。将配制好的浓度为 1% 的盐酸溶液按固液比 1∶6 加入经漂洗至中性的粗纤维沉淀中，水浴加热至 60℃，在搅拌的条件下充分反应 2h。反应结束后的固形物经漂洗至中性。

（4）过滤脱水。用板框过滤机将漂洗后的纤维进行脱水处理。

（5）漂白。向脱水后的大豆纤维中按固液比 1∶8 加入浓度为 4% 的过氧化氢溶液，水浴加热至 60℃，恒温脱色 1h。

（6）干燥。将漂白后的豆皮纤维放入鼓风干燥箱中，110℃持续烘干 4~5h，直到水分含量基本恒定为止。

（7）粉碎、改性。利用纤维素酶解法和机械剪切法对干燥后的豆渣膳食纤维进行改性，从而增加其水溶性膳食纤维的含量。

3. 大豆膳食纤维的相关标准

大豆膳食纤维产品参照国家标准《GB/T 22494—2008 大豆膳食纤维粉》，该标准从质量要求、卫生指标、添加剂限制 3 个方面做出了明确的规定，具体见表 2-18 和表 2-19。

表 2-18　《GB/T 22494—2008 大豆膳食纤维粉》标准中的质量要求

项目	质量指标		
	一级	二级	三级
总膳食纤维/%	≥80	≥60	≥40

（续表）

项目	质量指标		
	一级	二级	三级
可溶性膳食纤维/%	≥10	≥5	—
水分/%	≤10	≤10	≤10
灰分/%	≤5	≤5	≤5
色泽	淡黄色或乳白色粉末		
气味滋味	具有大豆膳食纤维粉固有的气味和滋味、无异味		

表 2-19 《GB/T 22494—2008 大豆膳食纤维粉》标准中的卫生指标

项目	指标
菌落总数/（CFU/g）	≤30 000
大肠菌群/（MPN/100 g）	≤90
霉菌和酵母/（CFU/g）	≤50
致病菌（沙门氏菌、志贺氏菌、金黄色葡萄球菌）	不得检出
总砷/（mg/kg）	≤0.5
铅/（mg/kg）	≤1.0

（三）酶法制备麦麸膳食纤维

1. 原理及工艺流程

小麦麸皮中含有丰富的膳食纤维（40%左右），制备方法有酶法、酸碱法、有机溶剂沉淀法、中性洗涤剂法等，以小麦麸皮为原料提取膳食纤维一般采用上述几种方法的结合。以小麦麸皮为原料采用酶法制备膳食纤维的工艺流程见图 2-10。

麦麸 → 植酸分解 → 淀粉水解 → 过滤 → 蛋白质水解 → 中和洗涤 → 脱色 → 干燥 → 麦麸膳食纤维

图 2-10　小麦麸皮生产膳食纤维的制备工艺流程图

2. 工艺要点说明

（1）原料的选择、预处理、粉碎。品种不同的小麦麸皮，感官品质也存在差异，以白麦麸皮为原料制备得到的麸皮膳食纤维产品为淡黄色，而以色泽较深的红麦麸皮为原料制得的产品为黄褐色，在感官上不易为消费者所接受。因此，对于色泽较深的麦麸需增加脱色工艺。实际生产中采用分级筛处理原料，增添筛理工序，最终产品的单位产量能提高约 20%。预处理后的麸皮经粉碎后过 20 目筛。

（2）分解植酸。小麦麸皮中植酸的含量较高，植酸能与矿物质元素形成螯合物，影响人体对矿物质元素的消化吸收，因此去除植酸的步骤为麸皮膳食纤维制备的第一步。具体操作为：在麸皮中加入 10 倍质量的水，用硫酸调节 pH 值至 5.0~5.5，保持 50~60℃水温并充分搅拌 6~10h，以利用存在于麸皮中天然的植酸酶来分解其所含的植酸。

（3）水解淀粉。加入 1% 的 α-淀粉酶，在 pH 值 6.5、温度 70℃的条件下水解 1.5h，以分解去除淀粉类物质。

（4）灭酶、过滤、洗涤。物料升温至 95~100℃，并保持 0.5h 以终止酶作用并杀菌，然后过滤，用热水充分洗涤滤饼。

（5）水解蛋白质。滤饼加水调浆，调节其 pH 值至 6.0，加入 0.5% 的木瓜蛋白酶，保持 50~60℃，充分搅拌反应 2~4h。

（6）脱色、干燥、成品。加入 2%~3% 的过氧化氢，在 35~40℃下充分搅拌 24h，过滤后用热水充分洗涤，在 100~105℃的烘箱中烘干，粉碎过 80 目筛后即得成品。

3. 麦麸膳食纤维的相关标准

目前涉及食用麦麸及其膳食纤维的相关标准主要有 3 个，分别为中国农业行业标准《NY/T 3218—2018 食用小麦麸皮》、中国轻工行业标准《QB/T 5028—2017 粮谷纤维》和湖北省地方标准《DB42/T 1435—2018 麦麸膳食纤维生产技术规程》。这 3 个标准中对麦麸膳食纤维的含量指标要求不同，具体见表 2-20 和表 2-21。

表 2-20 《NY/T 3218—2018 食用小麦麸皮》标准中的理化指标

项目	指标
水分/%	≤12
灰分（干基）/%	≤5
粗蛋白（干基）/%	≥16
含沙量/%	≤0.02
磁性金属物/（g/kg）	≤0.003
总膳食纤维/%	≥38
脂肪酸值（以干基 KOH 计）/（mg/100g）	≤120

表 2-21 《DB42/T 1435—2018 麦麸膳食纤维生产技术规程》标准中的理化指标

项目	要求
总膳食纤维/%	≥65
白度	≥65
细度/%（过 80 目筛）	≥90
水分/%	≤10
灰分/%	≤8

四、大豆低聚糖的生产技术

（一）大豆低聚糖的制备工艺

1. 原理及工艺流程

大豆低聚糖是大豆中所含的可溶性糖类，主要成分是水苏糖、棉子糖和蔗糖，它们在成熟大豆中分别占干基含量的 3.7%、1.7% 和 5%。以脱脂豆粕为原料制备大豆低聚糖的工艺流程见图 2-11。

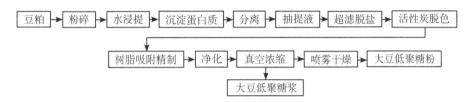

图 2-11 以脱脂豆粕为原料制备大豆低聚糖的工艺流程

2. 工艺要点说明

（1）原料、粉碎、水浸提。首先将脱脂豆粕粉碎通过 40 目筛网，以固液比 1 : 15 的比例用水浸提，过滤除去豆渣得浸提滤液。

（2）沉淀蛋白质、纯化。将滤液用酸调节 pH 值为 4.3~4.5，使蛋白质沉淀，采用离心机分离出大豆蛋白，并对抽提液进一步纯化操作。

（3）超滤脱盐。将抽提液在压力为 0.18MPa、温度为 45℃ 的条件下进行超滤，除去残存的少量蛋白质，得到滤液。此时除盐率最高可达 95%，显著提高低聚糖的纯度，并彻底去除糖液中的咸味。

（4）活性炭脱色。脱色条件为：温度 40℃，pH 值 3.0~4.0，活性炭用量为糖液干物质的 10%，脱色时间为 40min，脱色后过滤得到滤液。

（5）树脂吸附。脱色后的滤液进入离子交换树脂精制，吸附其中的异杂味物质，改善低聚糖的口感、风味，同时还可改善色泽。

（6）净化。通过超滤装置进行膜分离，最终除去糖液中的悬浮物和细菌，以确保产品达到食品级标准。

（7）浓缩、干燥、成品。采用真空浓缩的方式将净化液制备成大豆低聚糖浆；也可以将真空浓缩后的糖浆送入高压泵，经过压力喷雾，在干燥塔中进行喷雾干燥，从而获得白色粉末状大豆低聚糖成品。

（二）大豆低聚糖产品的相关标准

目前涉及大豆低聚糖的相关标准主要有 4 个，分别为国家标准《GB/T 22491—2008 大豆低聚糖》、中国农业行业标准《NY/T 2985—2016 绿色食

品 低聚糖》、国家标准《GB/T 35920—2018 低聚糖通用技术规则》和中国
轻工行业标准《QB/T 2492—2000 功能性低聚糖通用技术规则》。其中，国
家标准《GB/T 22491—2008 大豆低聚糖》从成分特征、质量要求和卫生要
求 3 个方面做出了明确的规定，具体见表 2-22 和表 2-23。

表 2-22   《GB/T 22491—2008 大豆低聚糖》标准中的质量要求

项目	糖浆型	粉末型
色泽、外观	白色、淡黄色或黄色黏稠液体状	白色、淡黄色或黄色粉末状
气味，滋味	气味正常，有甜味，无异味	
杂质	无肉眼可见杂质	
水分/%	≤25	≤5
灰分（以干基计）/%	≤3	≤5
大豆低聚糖（以干基计）/%	≥60	≥75
其中：水苏糖、棉籽糖（以干基计）/%	≥25	≥30
pH 值（1%水溶液）	6.5±1.0	6.5±1.0

表 2-23   《GB/T 22491—2008 大豆低聚糖》标准中的卫生指标

项目	糖浆型或粉末型
菌落总数/（CFU/g）	≤1 000
大肠菌群/（MPN/100 g）	≤30
霉菌和酵母总数/（CFU/g）	≤100
致病菌（指肠道致病菌和致病性球菌）	不得检出
总砷（以 As 计）/（mg/kg）	≤0.5
铅（以 Pb 计）/（mg/kg）	≤1.0

第三节　粮油副产物中碳水化合物资源生产的关键技术装备

一、湿法粉碎机械与设备

粮油副产物中碳水化合物资源生产常用到湿法粉碎机械与设备，这类设备常用于含淀粉物料、对粉碎过程中温度升高敏感、后期反应需要水为介质的反应前处理工艺。

高剪切均质机是一种常用的湿法粉碎设备，它主要由定子和同心高速旋转的转子组成，定子和转子之间的间隙非常小，常见有 0.1mm、0.2mm 或 0.4mm，转子的转速可达到 3 000~6 000r/min。常见的高剪切均质机有涡轮型乳化器、胶体磨等，设备工作原理为：高剪切均质机的均质方式以剪切作用为特征。物料在旋转构件的直接驱动下，在微小间隙内高速运动，形成强烈的液力剪切和湍流，物料在同时产生的离心、挤压、碰撞等综合作用力的协调作用下，得到充分的分散、乳化、破碎。

二、混合与反应机械与设备

（一）喷射液化器

喷射液化器主要适用于淀粉糖制备之初，淀粉的迅速液化。其工作原理为：喷射液化器是利用高速的蒸汽均匀而迅速地与有淀粉酶的物料相接触。物料瞬间达到了酶所需的温度，料液、酶液和蒸汽三者在湍流情况下混合。快速的汽液混合与激烈的局部湍流相结合，大大强化了传热过程，使料液受热瞬间膨胀，酶液迅速作用，料液黏度迅速降低。淀粉原料糊化和液化连续进行，相互促进，这一系列作用都是在瞬间进行的。这种混合液经过扩大管或者延伸管，进一步在管中发生液化、扩散作用。

该设备根据蒸汽和进料情况可分为"料带汽"和"汽带料"两种，这两种形式普遍存在。前者对料液的要求高，输送泵负荷大，蒸汽压力小，蒸汽通过很多小孔与料液在锤形管中混合、液化。后者是利用高速蒸汽产生一定负压，料液在泵压推进下，在蒸汽负压的吸引下，迅速混合，因此蒸汽压力大，汽液交换迅速，泵压小，液化迅速。

（二）搅拌装置

搅拌装置是各种提取、酶解反应等工艺常用的设备，常用于处理低黏度或中等黏度液体，如碎米制备淀粉时的酶解工艺、淀粉酶水解时的搅拌、膳食纤维酶法提纯工艺等。

液体搅拌是将简单液体、固-液混合物或气-液混合物，在容器内利用各种形式搅拌桨叶的运动或其他方法，强制和促进器内各部分物料或成分互相混杂、交换，以达到成分浓度均匀、物料温度均一或某种物理过程（如结晶等）加快等目的。广义的液体搅拌还包括由管道混合器、空气升液器和喷射等引起的搅拌方法。不过在绝大多数情况下，液体搅拌几乎都是依靠搅拌桨叶的方法进行的。根据搅拌器桨叶结构分类，搅拌装置可以分为桨式搅拌器、涡轮式搅拌器和旋桨式搅拌器。

1. 桨式搅拌器

桨式搅拌器是最简单的搅拌器，用以处理低黏度和中等黏度的物料。桨式搅拌器中以平桨式最简单，在搅拌轴上安装一对到几对桨叶，通常以双桨和四桨最普遍。有时为了加强轴向速度，把平桨做成倾斜式，但大多数是垂直的。桨式搅拌器桨叶转速慢，所产生的液流除斜桨外，主要是径向速度和圆周速度。液流离桨叶以后，向外趋近器壁，然后向上或向下折流。平桨式的桨叶长度为容器直径的 $1/2 \sim 3/4$，其宽度为其长度的 $1/10 \sim 1/6$，转速一般为 $20 \sim 150 r/min$。

对于黏度较高的液体，可在平桨上加装垂直桨叶，就成为框桨式搅拌器。当需要从容器壁上除去结晶沉淀物时，则可将桨叶的外缘和底缘做成与容器内壁形状相一致，留出很小的间隙，就成为锚桨式搅拌器。

2. 涡轮式搅拌器

涡轮式搅拌器类似桨式搅拌器，唯叶片多而短，构成了类似离心泵上叶轮的搅拌件，并以较高的转速旋转。一般转速范围为 $30 \sim 500 r/min$。叶片有平直的、弯曲的，装在轴上可以是垂直的或倾斜的。搅拌件可做成开式、半封闭式或外周套以导轮式。搅拌件上多而短的高速旋转平直叶片，产生了强烈的径向和圆周运动，一般同桨式搅拌器一样，液面上易形成旋涡。同样，在容器内加装挡板后，因挡板折流缓和了整个液体绕轴所作的旋转运动，从而表面旋涡得到平息。为了增强轴向流动速度，可将各式叶片装成倾斜式。

涡轮式搅拌器一般构造较复杂，价格较高，但由于它同时含有桨式和旋桨式搅拌器的性能，所以几乎可适用于任何黏度适当物料的搅拌混合，特别是气-液系统的搅拌混合，如用作二氧化碳气体吸收。

3. 旋桨式搅拌器

旋桨式搅拌器由 2~3 片表面扭曲的螺旋桨叶所组成，它是一种适用于低黏度液体的轴流式高速搅拌器，其直径为容器直径的 1/4 ~ 1/3，转速较高，通常在 400r/min 以上，小型的在 1 000r/min 以上，大型的为 400 ~ 800r/min。旋桨高速旋转所造成的液体速度主要为轴向速度和圆周速度，所以液体作螺旋状运动，旋桨使液体受到强烈的切割和剪切。由于流动非常剧烈，这种搅拌器适于在大容器中对低黏度液体的搅拌。又因轴向速度占优势，如果转轴位于容器中央，则效果不能充分发挥，故常将转轴偏心安装，或将其与垂直方向成一偏角。旋桨式搅拌容器的形状最好为带碟形或半球形器底的圆柱形容器，以适应旋桨所产生的流动，其液层深度为容器直径的 1.5~2 倍。当液层深度与直径之比较大时，可于桨外加导流筒，加强轴向的流动。

三、分离机械与设备

（一）真空转鼓过滤机

真空转鼓过滤机是一种连续式真空过滤设备，过滤、一次脱水、洗涤、卸料、滤布再生等操作工序同时在转鼓的不同部位进行，转鼓每转一周，完成一个操作循环。圆筒外表面为多孔筛板，转鼓外覆盖滤布。圆筒内部被径向筋板分隔成若干个扇形格室，每个格室内有单独孔道与空心轴内的孔道相通，而空心轴内的孔道则沿轴向通往位于转鼓轴颈端面，并随轴旋转的转动盘上。固定盘与转动盘端面紧密配合，构成一多位旋转阀，称为分配头。分配头的固定盘被径向隔板分成若干个弧形空隙，分别与真空管、滤液管、洗液贮槽及压缩空气管路相通。当转鼓旋转时，凭借分配头的作用，扇形格室内分别获得真空和加压，如此便可控制过滤、洗涤等操作循序进行。

（二）真空多效蒸发器

真空多效蒸发器可以用于淀粉糖、大豆低聚糖、植物蛋白肽等的浓缩工艺。我国蒸发器的品种很多，蒸发器的结构多种多样，一般由加热室和分离室构成。按其结构类型，可分为非膜式真空蒸发器和膜式真空蒸发器。非膜式真空蒸发器因加热蒸发时的液层较厚，其特点是传热系数小，料液受热蒸发速度慢，加热时间长。膜式真空蒸发器中料液沿加热表面被分散成液膜的形式流动，传热系数大，一般单程即可完成规定的浓缩作业，因而在蒸发器内的停留时间较短，约几秒至几十秒，适合果汁及乳制品生产。常见的膜式蒸发器有长管式、板式、刮板式等。

以降膜长管式蒸发器为例，该设备是由加热器体、分离室和泡沫捕集装置等部分组成，其中分离室设置于加热器体的下方。与升膜式相比，料液由加热器体顶部加入，液体在重力作用下经料液分布器进入加热管，然后沿管内壁成液膜状向下流动，由于向下加速，克服加速压力比升膜式小，沸点升高也小，加热蒸汽与料液温差大，所以传热效果好，料液很快沸腾汽化。混合的汽液进入蒸发分离室进行分离，二次蒸汽由分离室顶部排出，浓缩液则由底部抽出。降膜式的料液经蒸发后，流下的液体基本达到需要的浓度。

在单效真空浓缩系统流程中，含有大量汽化潜热的二次低压蒸汽没有充分利用就直接排出，经济性差。根据低压蒸发原理，在真空浓缩过程中可以用它再加热比它温度低的料液，再生产更低温度的二次蒸汽，依此类推，使热能得到充分利用，利用这种原理即制得双效、三效等多效真空浓缩装置。使用单次蒸汽的蒸发器称为一效蒸发器，顺次称为二效、三效蒸发器等，因此，随蒸发器效次的增大，蒸发温度和工作压力逐渐降低。

（三）卧螺离心机

卧螺离心机适用于目标产物与杂质因粒度、密度差异而发生的分离工艺。其工作原理为：转鼓支承在两端的主轴承座上，螺旋输送器（简称螺旋）借助于轴颈两端的轴承而装在转鼓内，转鼓壁与螺旋叶片外端面留有适当的间隙。转鼓与螺旋维持一定的转速差，以便由螺旋将转鼓内的沉渣推送出转鼓。被分离的悬浮液从加料管连续地进入螺旋的加料仓，经加速后从进料孔进入转鼓，在离心力作用下，固相颗粒沉降在转鼓壁形成沉渣，借助于螺旋运动推送到转鼓小端的排渣孔，落入机壳中排出。被澄清的分离液沿螺旋叶片通道经转鼓大端的溢流孔溢出转鼓。

四、精制机械与设备

(一) 旋流洗涤分离器

旋流洗涤分离器适用于淀粉分离洗涤、淀粉与蛋白的分离洗涤、目标产物中砂石去除、目标产物与杂质间具有密度差异而进行的分离。其工作原理为：它是利用离心力进行分离或分级的，主要由圆筒体、圆锥体、进料口、底流口和溢流口等组成。悬浮液由进料口沿切线进入圆筒形成旋流，外层为下降旋流，内层为上升旋流。下降旋流中的粗颗粒在离心力作用下向器壁方向运动，并被下降旋流集聚到底流口处，形成底流排出。细颗粒部分被上升至内旋流带，经溢流口排出。内旋流中心为处于负压的气柱，气柱的存在有利于提高分离效果。

利用旋液分离器可以有效地从液流中分离出粒度数为微米级的颗粒。它的主要缺点是液流中产生的剪切力可能会破坏高聚物，对固液分离不利。为了取得较好的分离效果，可将几个旋液分离器串联操作，或利用循环系统使料液多次通过旋液分离器。

(二) 离子交换装置

离子交换装置适用于淀粉糖、大豆低聚糖等物质的脱盐，通过目标物或杂质的吸附与洗脱，而实现精制的目的。离子交换装置可粗分为间歇式固定床、连续式移动床及连续式流动床3类，其精制过程大致可分为4个阶段：交换、反洗、再生、正洗。以固定床离子交换为例，固定床离子交换是把离子交换剂放在交换柱内处于固定态，被处理的溶液在动态下不断流过交换柱，这是一种最常用的操作方式。这种类型的单元装置需要符合下面几点要求：①有一个合适的离子交换树脂床支撑体；②有一个分布器，使进料能均匀分布流过树脂床；③有反洗控制装置，并且反洗压力分布均匀。

离子交换树脂是重复使用的，因此树脂再生过程的效果直接影响了精制加工的效果。逆流再生的过程中，再生剂从单元的底部分布器进入，均匀地通过树脂床向上流动，从树脂床上方的废液收集器流出。与再生剂向上流动的同时，淋洗的水从喷洒器喷入，经树脂床往下流动再从下部引出，与再生废液一起排出。再生剂向上流动与淋洗水向下流动达到一定的平衡状态使树脂床不致向上浮动。生产实际中需要控制两种溶液的流速，从而达到较好的再生效果。

五、干燥机械与设备

（一）气流干燥器

气流干燥器适用于淀粉干燥、水溶性较低的蛋白干燥。气流干燥也称瞬间干燥，是加热介质（空气）与被干燥的固体物料直接接触的过程，是利用高速流动的热气流使湿淀粉悬浮于气流中进行干燥。设备结构主要由加热、喂料、干燥、分离和输送等部分组成，典型的淀粉气流干燥器为长管式气流干燥器，干燥管长一般在 18～30m，由直管、弯管和变径管等组成，其工作原理为：物料及热空气在干燥管的下端进入，热空气与被干燥物料直接接触，对流传热传质，并使被干燥物料均匀地悬浮于流体中，因而两相接触面积大，强化了传热与传质过程；干燥后的物料则由干燥管的上端进入旋风分离器，它将物料与潮气分离，从而获得干燥的固体产品。在气流干燥过程中热空气的上升流速大于物料颗粒的自由沉降速度，空气在气流干燥中既是干燥介质，又是固体物料的输送介质。

思考题

1. 富含碳水化合物的粮油加工副产物有哪些？
2. 简述大米淀粉的理化性质。
3. 对比分析碱浸法和酶法制备大米淀粉的优缺点。
4. 简述淀粉糖的种类。
5. 试述淀粉糖生产步骤中液化步骤的原理，并说出液化所采用的设备名称。
6. 试述粗分离法制备玉米皮膳食纤维的加工原理。
7. 试述化学分离法制备大豆膳食纤维的加工原理。
8. 试述酶法制备麦麸膳食纤维的加工原理。
9. 大豆中所含有的低聚糖有哪些？

第三章 粮油副产物中蛋白质的综合利用

第一节 粮油副产物中的蛋白质资源

一、蛋白质资源的供求关系

（一）人体对蛋白质的需求

蛋白质在生命中扮演着重要角色，具有一定的生理功能，如血红蛋白运输氧气，履行免疫功能的抗体蛋白等。除在肝脏和血液中有极少量的蛋白质储备外，人体一般不贮存蛋白质。

人体内各组织的蛋白质每天都在进行新陈代谢，一天的代谢量高达300g，它们分解为组成蛋白质的单体氨基酸，氨基酸再合成蛋白质，循环重复使用。每天机体因粪便排出、皮肤细胞脱落、毛发指甲的生长失去一部分蛋白质，约为20g，这个数值称为人体蛋白生理需要量，需要由食物来补充，以保持机体的氮平衡。考虑到食物加工损耗、人体吸收利用的效率等各种安全系数，每天膳食中含有70g蛋白质就能满足成年人的正常需要，这个数值为膳食蛋白质供给量。中国营养学会推荐的膳食蛋白质供给量依据年龄、劳动强度、生理状况等因素而存在一定的差异。

表3-1是世界各国人均蛋白质摄入量情况。比例是否合适不去深入追究，因为个体差异太大，很难统计；然而还是存在摄入量不够的情况。

表 3-1　世界各国人均蛋白质摄入量

地域	每日人均蛋白质/g	每日人均动物蛋白/g	每日人均动物蛋白占蛋白质总量的比例/%
全球	70.8	24.6	34.7
亚洲	64.3	15.7	24.4
中国	67.4	15.9	23.6
印度	58.1	9.5	16.4
埃及	87.3	12.9	14.8
美国	112.9	73.5	65.1
法国	116.0	77.8	67.1
德国	100.2	64.2	64.1

（二）世界蛋白质的供应情况

世界蛋白质的供应量如表 3-2 所示，其中粮油类蛋白质来源占总供应量的 62%。2020 年我国主要粮油作物产量及蛋白质含量情况如表 3-3 所示。由表中可见，2020 年我国主要粮油作物产量约为 65 888万 t，从这些植物中大约可获取 5 418.4万 t 植物蛋白质。我国粮油加工副产物中蛋白资源丰富，大致可分为谷物蛋白资源和油料蛋白资源两大类。

表 3-2　世界蛋白质的供应量

来源	数量/%	来源	数量/%	来源	数量/%
谷类	49	植物果实	4	鱼、蛋	5
豆类、油料种子	13	肉类与家禽	13	其他	10
核、根类	5	奶制品	1		

表3-3 2020年我国主要粮油作物产量及蛋白质含量

粮油作物	产量（万 t）	蛋白质含量（%）	蛋白质总量（万 t）
小麦	13 425.4	9.4	1 262.0
稻谷	21 186.0	8.3	1 758.4
玉米	26 066.5	3.8	990.5
大豆	1 960.2	36.3	711.6
花生	1 799.3	18.6	334.7
油菜籽	1 404.9	25.0	351.2
芝麻	45.7	21.9	10.0

注：数据来自国家统计局。

二、小麦面筋蛋白

小麦品种不同，其蛋白质含量存在差异，例如，硬质粒小麦的蛋白质含量相对较高，约为12%；而软质粒小麦的蛋白质含量相对较低，约为9%。小麦面筋蛋白是小麦淀粉生产的副产物，早在1728年由意大利人Beccari从小麦粉中洗出，明确了小麦面筋的存在，但并未受到人们的重视；直到1907年，Osborne根据小麦籽粒中蛋白质的溶解特性，将它分成清蛋白、球蛋白、醇溶蛋白和麦谷蛋白4种蛋白质。小麦面筋蛋白受到重视是因为具有突出的综合性能，有多种改性途径，具有广泛的应用领域。据统计，全球小麦面筋蛋白的年产量约50万 t，主要用于食品和饲料工业。

三、米渣

大米中蛋白质的含量约为8%，从经济角度分析，直接从大米中提取蛋白质并不合适。而米渣是提取大米蛋白的最好原料，其蛋白质含量达50%以上，它是以大米为原料生产有机酸、抗生素和淀粉糖等主产物所得到的一种副产物，与大米中的蛋白质具有几乎相同的营养价值。我国米渣蛋白资源丰富，早稻因其籽粒结构疏松、直链淀粉含量较高、米饭黏性小、口感差等不良的食用品质，在人们的日常饮食中受到冷落，大量的早稻主要用作发酵工业和淀粉糖的生产。另外，库存陈化大米和稻谷加工过程中的碎米可直接用作工业生产的原料。不论是早稻还是陈化米，在生产加工中主要利用的是其中的淀粉成分，而蛋白质则在米渣中富集，因此，这些加工工艺是获得米渣资源的重要途径。

四、麸质

麸质是玉米湿法生产淀粉时，分离淀粉后的沉淀物经过滤、干燥后获得。麸质中含有大量的蛋白质，其干物质可达60%以上，故又称玉米蛋白粉，出品率为玉米的5%~7%。但由于麸质缺乏赖氨酸、色氨酸等人体必需氨基酸，生物学效价较低，常作为低价值饲料蛋白出售，少部分用于提取玉米醇溶蛋白。目前，麸质粉的开发利用主要是围绕其蛋白质和色素进行的，产品如蛋白发泡粉、醇溶蛋白、活性肽、玉米黄素等。

五、豆粕

豆粕是大豆经过提取豆油后的副产物，由于大豆的产地不同，豆粕的得率略有差异，如加工进口大豆约产19%的大豆油和80%的豆粕；而国产大豆约产16%的大豆油和82%~83%的豆粕。豆粕中约含蛋白质40%~48%，豆粕常分为高温豆粕和低温豆粕，目前我国豆粕年产量1 200万~1 300万t，其中95%以上为高温变性豆粕；而低温豆粕生产过程温度较低、时间短，所以它能最大限度地降低蛋白质的变性程度，提高蛋白质的质量，其中水溶性蛋白质含量较高，常作为生产大豆分离蛋白、大豆ACE抑制肽等新型大豆蛋白制品的优质原料。

六、豆渣

我国大豆的主要用途之一就是制作豆制品，而豆渣是这些传统制品生产过程的主要副产物。豆渣约占全豆干物质量的15%~20%，其化学组成因大豆品种、加工方式的不同而存在差异。生产豆腐过程中，每加工1kg的大豆，约产生1.2kg的湿豆渣。在豆腐行业，国内每年大约产豆渣280万t，日本约 80 万 t，朝鲜约 31 万 t。干豆渣中蛋白质含量为 15%~33%，此外豆渣中还含有多种丰富的营养元素，其营养价值与豆乳和豆腐持平，是一种健康绿色的新型保健食品原材料。

七、花生粕

花生粕是花生仁经压榨提炼油料后的副产物，通常花生粕的产量可达 44% 以上。它是一种很好的植物蛋白资源，其中含有近 50% 的蛋白质，花生蛋白的营养价值较高，其生物价为 58，功效比为 1.7，富含人体所需的 8 种必需氨基酸，谷氨酸、天门冬氨酸含量较高，与动物蛋白相近，且具有低胆固醇、色泽浅、抗营养因子含量低等特点。特别是近年来采用低温压榨技术生产花生油，同时所得的冷榨花生粕，由于避免了传统的高温破坏，因此具有很高的营养价值和良好的功能特性，越来越多被人们所利用。

第二节　粮油副产物中蛋白质资源的生产技术

一、谷朊粉的生产技术

(一) 谷朊粉的介绍

小麦谷朊粉又称为小麦面筋蛋白，是以小麦胚乳或面粉为原料生产淀粉时得到的一种副产物，其蛋白含量为 75%~85%。实际生产中，以面粉为原料采用马丁法生产谷朊粉的得率约为 14%（蛋白含量 80% 计）。吸水后的谷朊粉能保持原有的自然活性及天然物理状态，具有黏性、弹性和延伸性等性质。作为改良剂或重要原料广泛用于面制品、肉类产品；在高档鱼虾饲料、医药行业和其他工业中也被广泛应用。

1. 基本组成

根据在不同溶剂中的溶解性差异，可将谷朊粉中的蛋白质分为 4 类：溶于水的清蛋白、溶于盐的球蛋白、溶于乙醇的醇溶蛋白和溶于稀酸或稀碱的麦谷蛋白。谷朊粉中蛋白质的种类及特性见表 3-4。

表 3-4 谷朊粉中蛋白质的种类及特性

种类	含量/%	溶解性	pH 值	分子结构特点
麦谷蛋白	40~50	稀酸或稀碱	6~8	分子量较大，10 万~300 万 Da，富含谷氨酰胺和脯氨酸，有链内和链间二硫键
醇溶蛋白	40~50	60%~70%酒精	6.4~7.1	分子量较大，3 万~10 万 Da；富含谷氨酰胺和脯氨酸，以链内二硫键为主
球蛋白	5	水或稀盐	5.5	含多种成分，精氨酸含量高
清蛋白	2.5	水或稀盐	4.5~4.6	含多种成分，色氨酸含量高

2. 氨基酸组成

面筋蛋白的氨基酸组成主要有如下 3 个方面的特点：

（1）谷氨酸含量非常高。面筋蛋白中谷氨酸含量非常高，约占面筋蛋白质总量的35%，即每 3 个氨基酸就有 1 个是谷氨酸，谷氨酸残基在蛋白质中是以谷氨酰胺的形式存在。

（2）碱性氨基酸含量少。面筋蛋白中碱性氨基酸（精氨酸、组氨酸、赖氨酸）的含量很少，面筋蛋白基本上没有潜在的负电荷，仅有少量的潜在正电荷，因此面筋蛋白的电荷密度较低，而电荷密度低意味着蛋白质中相互排斥力弱，蛋白质链便能很容易的相互作用，这一条件对面团的形成有利。

（3）脯氨酸含量高。面筋蛋白中脯氨酸约占蛋白质的14%，由于脯氨酸的氨基包含在一个环状结构中，故脯氨酸的肽键不易弯曲，此时蛋白质链中凡是在有脯氨酸存在的地方都出现一个硬结，使蛋白质不易形成 α-螺旋，进而影响面筋蛋白的加工品质。

3. 功能特性

（1）黏弹性。面筋蛋白中的醇溶蛋白分子呈球状，分子量较小，具有延伸性，但弹性小；麦谷蛋白分子为纤维状，分子量较大，具有弹性，但延伸性小。这两种蛋白的共同作用，使得谷朊粉具有其他植物蛋白所没有的独特的黏弹性。

（2）延伸性。延伸性是指把面筋块拉到某种长度而不致断裂的性能，可用面筋块拉到断裂时的最大长度来表示。

（3）薄膜成型性。面筋蛋白的薄膜成型性是其黏弹性的直接表现。由于面筋蛋白具有弹性，CO_2 或水汽等被连续蛋白相所包围，内部充满气体，使面筋呈海绵状或纤维状结构，形成薄膜面筋。

（4）吸水性。面筋蛋白中含有较多的疏水性氨基酸，与水接触后，高质量的面筋可吸收 2 倍面筋量的水，可在外围形成一层湿面筋网络结构，谷朊粉的这种吸水性可增加产品得率，并延长食品的货架期。

（5）起泡性和乳化性。谷朊粉的起泡性和泡沫稳定性与其溶解性有关，由于溶解性较差，其起泡性也受到影响。蛋白质溶解性会影响乳化性，在其等电点时溶解度最低，而谷朊粉的等电点 pH 值正处于大部分食品的酸碱范围内，因此乳化性也较差。

（二）谷朊粉的制备工艺

目前国内生产工艺有面团法（马丁法）、面糊法和旋流法等，大型工厂多采用面糊法，中小型工厂采用面团法、旋流法。接下来以面糊法为例详细介绍。

1. 原理及工艺流程

面糊法是将面粉调和成非常软的面团，接近糊状，面糊中的淀粉和蛋白质还是相互粘连的；通过专用的均质设备对面糊进行均质，均质过程中蛋白质与淀粉逐渐完全分离；在分离过程中，麦谷蛋白形成线状的大分子聚合物，醇溶蛋白形成球状小分子聚合物，两者以氢键、疏水键等非共价键结合形成微纤维束状，比淀粉要难以洗去。因此，通过蛋白与非蛋白成分性质的差异性，而实现两者的相对分离。以面粉为原料制备谷朊粉的工艺流程见图3-1所示。

2. 工艺要点说明

（1）原料要求。尽量采用高出粉率、高面筋含量、低灰分、低破损率、品质接近特制二等粉的面粉为原料。

（2）面糊制备。一定量的面粉进入混合器中与水混合形成面糊，面粉与水的比例大约为 1 : (0.85~0.95)。混合器使面粉颗粒充分水化，形成均匀面糊，以便后续均质工序的顺利进行。

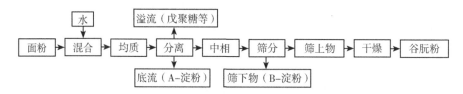

图 3-1　以面粉为原料制备谷朊粉的工艺流程图

（3）均质与熟化。混匀后的面糊打入均质机中，均质机的压力可通过改变均质阀的间隙进行调整。面糊通过均质阀时由高压迅速恢复到常压，由于压力的骤然变化，以及均质阀的剪切作用，使面糊熟化并实现蛋白质网络的迅速凝聚。

（4）分离。均质熟化后的面糊用偏心螺杆泵输送到三相卧螺离心机进行各成分的分离。此时成熟的面浆在分离中由于淀粉与面筋的沉降速度不同，被分离成两相。淀粉的密度较大，作为重相从分离机的底流输出；而面筋的密度较小，则作为轻相从分离机的溢流输出。

（5）筛分收集面筋。轻相是面筋与小颗粒淀粉的混合物，再经过圆筛冲洗除去淀粉后得到纯度较高的湿面筋。

（6）干燥。从卧式螺旋沉降机分离出来的小面筋滤去淀粉后收集起来，再经挤压脱水后送到环式谷朊粉干燥系统干燥即得到谷朊粉。

（7）淀粉及其他副产物。由三相卧螺离心机分离出的底流中还含有一些小的 B-淀粉或 B 级淀粉、戊聚糖和细纤维，为了能更好地将其分离，工艺通常采用一种立式高速三相碟片喷嘴离心机放在旋流器组之前与旋流器组搭配使用，保证了淀粉洗涤的高效、彻底。生产谷朊粉的工艺中所获得的其他产品包含了以下 3 类：

①淀粉，经过分级、精制的 A 级淀粉乳送到全自动刮刀离心机中脱水后，用气流干燥系统干燥后即得到较纯净的 A 级淀粉。而从分级系统得到的 B 级淀粉乳，它的浓度较低，可利用卧螺机的浓缩效应将 B 级淀粉从高度分散的悬浮液中收集起来，使其固形物含量在 25%～50%，送到干燥系统干燥即得到 B 级淀粉。

②麸皮，从卧螺机底部得到的粗淀粉乳是含有少量的纤维及蛋白质的混合物，通过串联的三级离心筛可将纤维筛出。然后将其送到干燥系统干燥即得到麸皮。

③戊聚糖，溢流中的戊聚糖可以液体状态直接作为饲料，也可以加酶反

应后分离出固体部分；液体部分与工艺废水一起浓缩处理，再与纤维等一起烘干作为饲料。

（三）谷朊粉产品的相关标准

目前与谷朊粉相关的标准主要有 2 个，分别为国家标准《GB/T 21924—2008 谷朊粉》、中国出入境检验检疫行业标准《SN/T 0260—2015 出口谷朊粉检验规程》。其中，国家标准《GB/T 21924—2008 谷朊粉》从原料要求、感官要求、质量指标、卫生要求和食品添加剂的要求 5 个方面做出了明确的规定，具体见表 3-5。

表 3-5　《GB/T 21924—2008 谷朊粉》标准中的质量指标

项目	质量指标	
	一级	二级
水分/%	≤8	≤10
粗蛋白质（N×6.25，干基）/%	≥85	≥80
灰分（干基）/%	≤1	≤2
粗脂肪（干基）/%	≤1	≤2
吸水率（干基）/%	≥170	≥160
粗细度/%	CB30 号筛通过率≥99.5%，且 CB36 筛通过率≥95%	

二、大米蛋白的生产技术

（一）大米蛋白的介绍

大米蛋白是一种优质的植物蛋白质，由于大米蛋白质中不存在致敏物质，安全系数高。大米蛋白的氨基酸组成平衡合理，与 WHO/FAO 推荐的理想模式非常接近，必需氨基酸组成见表 3-6。与其他谷物相比，大米蛋白的蛋白质消化率、生物价和效用比更高，具体见表 3-7 所示。

表 3-6　大米蛋白中必需氨基酸组成

种类	WHO 推荐值（g/100g 纯蛋白）	大米蛋白（g/100g 纯蛋白）
赖氨酸	5.5	2.65
蛋氨酸+胱氨酸	3.5	3.18
色氨酸	1.0	1.18
苏氨酸	4.0	2.97
异亮氨酸	4.0	4.34
亮氨酸	7.0	7.48
苯丙氨酸+酪氨酸	6.0	8.94
缬氨酸	5.0	6.19

表 3-7　主要谷物的蛋白质消化率、生物价和功效比

项目	大米	小麦	玉米	大豆	鸡蛋
消化率/%	82	79	66	75	98
生物价	77	67	60	58	—
功效比	1.36~2.56	1.0	1.2	0.7~1.8	4.0

（二）大米蛋白的制备工艺

1. 原理及工艺流程

米渣中的主要成分是蛋白质、碳水化合物和脂类，其中碳水化合物是淀粉糖制备工艺中经高温液化步骤后残留的淀粉颗粒、纤维素、糊精和未分离完全的少部分葡萄糖、麦芽糖、低聚糖等，这部分碳水化合物约占米渣总质量的30%。大米中的脂肪含量约为1%，但是在高温液化步骤后，由于淀粉的大量分离，使得米渣中脂肪得到富集，其含量约为10%。对于残留的碳水化合物，它具有热水可溶的性质；而脂肪在碱性条件下发生皂化反应，同样能用热水洗涤分离。因此，排杂法制备大米蛋白产品主要利用了蛋白和非蛋白成分性质间的差异而实现相对分离，从而获得纯度较高的大米蛋白产品。以米渣为原料制备大米蛋白的工艺流程如图3-2所示。

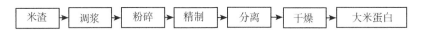

图3-2　以米渣为原料制备大米蛋白的工艺流程图

2. 工艺要点说明

（1）原料、调浆。尽量选取变性程度较低、颜色较浅的米渣为原料。将米渣与水混合，搅拌均匀后输送至粉碎工段。

（2）粉碎。米渣中含有制糖后残留的糊精、葡萄糖、麦芽糖等碳水化合物，干燥后颗粒黏结紧密，调浆后需要经过湿法粉碎，降低米渣的颗粒度，提高后续反应的效率。

（3）精制、分离。取粉碎后的米渣原料输送至反应罐，调整浓度10%~20%，pH值7.5~8.5，温度70℃，反应1h，反应结束后分离上清，沉淀用热水洗涤2~3次，以除去皂化液和残留的碳水化合物等杂质。

（4）干燥。采用气流干燥的方法，通过监测干燥器蒸汽温度和出风温度，获得水分含量合格的大米蛋白产品。

（三）大米蛋白产品的相关标准

目前与大米蛋白产品相关的标准主要有3个，分别为国家标准《GB 20371—2016 食品安全国家标准　食品加工用植物蛋白》、中国农业行业标准《NY/T 2535—2013 植物蛋白及制品名词术语》和《CXS 174—1989 植物蛋白制品法典标准（2019 版）》。其中，国家标准《GB 20371—2016 食品安全国家标准　食品加工用植物蛋白》从原料要求、感官要求、理化指标、污染物限量和真菌毒素限量、微生物限量、食品添加剂6个方面做出了明确的规定，具体见表3-8和表3-9。

表 3-8　《GB 20371—2016 食品安全国家标准　食品加工用植物蛋白》
标准中的感官要求

项目	要求
色泽	具有产品应有的色泽
滋味、气味	具有产品应有的滋味和气味，无异味
状态	具有产品应有的状态，无正常视力可见外来异物

表 3-9　《GB 20371—2016 食品安全国家标准　食品加工用植物蛋白》
标准中的质量指标

项目		指标		
		粗提蛋白	浓缩蛋白	分离蛋白
蛋白质[1]（以干基计）/（g/100 g）	大豆蛋白	40~65	65~90	90
	花生蛋白			
	大米蛋白			
	马铃薯蛋白			
	豌豆蛋白	40~65	65~80	80
	其他蛋白[2]	≥40	≥40	≥40
水分[3]/（g/100 g）	玉米蛋白	≤12	≤12	≤12
	除玉米蛋白之外的植物蛋白	≤10	≤10	≤10

注：[1] 氮换算为蛋白质的系数均以 6.25 计；
[2] 适用于上述 5 种以外的植物蛋白，也适用于各种植物蛋白中的植物水解蛋白和组织蛋白；
[3] 不适用于组织蛋白和浆状大豆蛋白。

三、大豆蛋白系列产品的生产技术

（一）大豆蛋白的介绍

在当今许多国家，大豆是提供营养的一种主要的植物蛋白来源。与谷物及其他豆科植物相比，大豆的蛋白质含量最高（约为40%），其他豆类的蛋白质含量为20%~30%，而谷物类的蛋白质含量为8%~15%。目前以豆渣为原料制备的大豆蛋白系列产品主要有浓缩蛋白、分离蛋白和组织蛋白。

1. 基本组成

（1）依据大豆中蛋白质在酸性条件下是否沉淀的性质，分为大豆球蛋白和大豆乳清蛋白2大类。

①大豆球蛋白。大豆中80%的蛋白质在 pH 值为4~5的酸性条件下能从溶液中沉淀出来，这部分蛋白质称为大豆酸沉蛋白，主要成分是大豆球蛋白，其蛋白质等电点在4.3左右。

②大豆乳清蛋白。达到等电点而不沉淀的蛋白质称为大豆乳清蛋白，占大豆蛋白总量的6%~7%，这些蛋白质的主要成分是清蛋白。这部分蛋白质可溶于水，因此在豆腐和大豆分离蛋白加工中，清蛋白一般在水洗和压滤过程中流失掉。

（2）根据生理功能分类，大豆蛋白质可分为生物活性蛋白和储藏蛋白两类。

①生物活性蛋白。生物活性蛋白包括胰蛋白酶抑制剂、淀粉酶、血细胞凝集素、脂肪氧化酶等，所占比例不大，但对大豆制品的质量和功能有重要影响。

②储藏蛋白。储藏蛋白占总蛋白的70%左右（如11S球蛋白、7S球蛋白等），它们没有生理活性，但与大豆的加工性能关系密切。

大豆蛋白质是非均一蛋白质，组成极为复杂。将水溶性大豆蛋白质进行超速离心沉降分离，根据离心分离系数可以将大豆蛋白分为2S、7S、11S和15S四个级分，每一级分本身是不同蛋白质的复合体。表3-10为大豆蛋白的分级组分及其含量。

表3-10　大豆蛋白质的分级组分

大豆蛋白质分级组分	所占比例/%	主要化学成分	分子量范围/Da
2S	8	胰蛋白酶抑制剂	8 000~21 500
		细胞色素 C	12 000

（续表）

大豆蛋白质分级组分	所占比例/%	主要化学成分	分子量范围/Da
7S	35	血球凝集素	110 000
		脂肪氧化酶	102 000
		β-淀粉酶	617 000
		7S 球蛋白	180 000~210 000
11S	52	11S 球蛋白	320 000~360 000
15S	5	11S 聚集体	600 000

2. 氨基酸组成

大豆蛋白及其制品氨基酸组成齐全，但比例不平衡。表 3-11 为大豆蛋白质及其制品部分氨基酸组成，归纳起来具有如下两个方面的特点。

表 3-11　大豆蛋白质及其制品中部分氨基酸组成

氨基酸种类	FAO/WTO 推荐值	大豆蛋白	大豆浓缩蛋白	大豆分离蛋白	大豆粕粉
异亮氨酸/%	4.2	4.2	4.8	4.9	5.1
亮氨酸/%	4.8	9.6	7.8	1.7	7.7
赖氨酸/%	4.2	6.1	6.3	6.1	6.9
甲硫氨酸/%	2.2	2.4	1.4	1.1	1.6
胱氨酸/%	3.5	2.4	1.6	1.0	1.6
苏氨酸/%	2.8	4.3	4.2	3.7	4.3

（1）含有丰富的组氨酸、赖氨酸。大豆蛋白中含有人体 8 种必需氨基酸，以及婴儿不能合成的组氨酸，且比例比较合理；氨基酸含量与动物蛋白近似，特别是赖氨酸含量可以与动物蛋白相媲美。

（2）含硫氨基酸含量较低。与大多数其他豆类蛋白一样，大豆蛋白的含硫氨基酸含量较低，其中最重要的限制性氨基酸为甲硫氨酸，其次为（半）胱氨酸和苏氨酸。然而，大豆蛋白含有丰富的赖氨酸，而大多数的谷物蛋白都缺乏这种氨基酸。因此，大豆蛋白与谷物蛋白搭配食用能够实现赖氨酸和甲硫氨酸的互补，提高大豆蛋白的营养价值。

（二）大豆蛋白系列产品的制备工艺

1. 大豆浓缩蛋白的制备工艺

世界上生产的大豆浓缩蛋白中约有 70% 供人类食用，其余部分基本上用于制作喂养小牛和小猪的替代奶、宠物食品和特种饲料。在工业化肉类加工中，大豆浓缩蛋白可以作为素肉，部分或全部替代鱼蛋白、鸡肉蛋白和奶蛋白，并且具有很好的经济效益。大豆浓缩蛋白还可应用于烘焙产品和营养保健品中。

（1）原理及工艺流程。高质量、完整、干净的脱壳大豆中，除去大豆油、水溶性物质和非蛋白质部分后，含有不少于 70%（干基）的蛋白质，这样得到的大豆蛋白质称为大豆浓缩蛋白。大豆浓缩蛋白生产过程除去的是糖和其他低分子量的成分，剩下蛋白质和细胞壁多糖。

生产大豆浓缩蛋白的常用方法有 2 种：等电点提取法和乙醇提取法。其中第二种方法制得的大豆浓缩蛋白被称作"传统型大豆浓缩蛋白"，它是利用乙醇溶液浸出脱脂豆粕中的可溶性碳水化合物和黄酮等物质，使浸提残留物中蛋白质含量（干基）在 70% 以上。在进行商业性生产时，该方法所使用乙醇溶液的最佳浓度为 60%~70%。乙醇提取法制备大豆浓缩蛋白的工艺流程如图 3-3 所示。

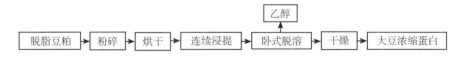

图 3-3　采用乙醇提取法制备大豆浓缩蛋白的工艺流程图

（2）工艺要点说明。
①原料要求。大豆浓缩蛋白的原料以低变性脱脂豆粕为佳，也可用高温

浸出粕，但得率低而且质量较差。除此之外，本工艺还对原料的粉末度、厚度、颗粒度、水分、含杂量等指标有一定的要求；应尽量避免因原料质量的不稳定而造成的不利影响。

②粉碎、烘干。豆粕粉碎后可增大其与乙醇溶液之间的接触面积，理论上讲，粉碎得越细，蛋白质越易溶出，但过细的粒度使粉碎工艺负荷过大，并给分离工艺造成困难，所以粉碎粒度控制在 40~60 目。将粉碎后豆粕置于烘箱中，设定 70℃烘干数小时，直至质量不变。

③含水乙醇浸提。在豆粕粉中加入一定量的含水乙醇溶液，一定温度下进行搅拌浸提。通过乙醇溶液充分浸提，豆粕中的可溶性糖分、灰分及醇溶性蛋白质进入乙醇溶液中。蛋白质的溶出率和浸提效果主要受乙醇浓度、加液量、浸提温度、浸提时间等因素影响。

乙醇浓度　当乙醇水溶液的浓度在 65%左右时，大豆蛋白质在醇变性的作用下，一部分可溶性大豆蛋白质被乙醇水溶液萃取出，从而进一步提高了大豆浓缩蛋白产品的蛋白质含量。

加液量　加液量大，蛋白质的溶出率和浸提效果均可提高。但超过一定量时，不仅加大了后续乙醇回收工艺的难度，而且从经济角度考虑也不合适。

浸提温度　浸提温度越高，浸提效果越好。但当温度上升至一定范围（过高）时，物料黏度增大，不仅分离困难，且易使蛋白质严重变性，同时耗能较多，因此最佳浸提温度在 50℃左右。

浸提时间　浸提时间的长短主要影响到蛋白质含量和溶出率，在一定条件下，浸提时间越长，浸提效果越好。但当浸提时间达到一定范围后，浸出效果趋于恒定，若再继续下去已失去意义。

④分离。浸提后减压抽滤，所得的不溶性物质即为醇不溶性蛋白质初品。与此同时，对乙醇的回收、重复利用是本工艺不可忽视的重要问题，即浸提液一般要经过两次以上的浓缩蒸发精馏、冷凝回收，获得品质合格、体积分数为 90%~95%的乙醇，以供再次循环使用。

⑤洗涤。将分离出来的蛋白质初品，再用 70%~80%的乙醇水溶液洗涤 2 次，洗涤温度为 70℃，每次洗涤时间为 10~15min。

⑥干燥。由于大豆蛋白质具有冷冻性、结膜性和热变性等特点，使得干燥方式的不同直接决定了大豆蛋白质的溶解性，进而影响大豆蛋白质的应用范围。实验研究将浸提分离后的大豆蛋白质分别采用 50℃干燥箱干燥、喷雾干燥、50℃真空干燥、冷冻干燥 4 种方式进行干燥，结果见表 3-12。综

合考虑加工成本、产品性状和溶解性因素，喷雾干燥的方式得到的大豆蛋白质所用成本较低，而且溶解性较大，适用于大规模生产。

表 3-12　不同干燥方式对制备大豆浓缩蛋白的影响

干燥方式	成本	性状	蛋白质溶解性
干燥箱干燥	最低	呈现黄色，表面结膜，组织性强	最差
喷雾干燥	较低	呈现黄色，粉状	较大
真空干燥	较高	呈现黄色，粒状	较大
冷冻干燥	较高	呈现黄色，颗粒较大	较大

2. 大豆分离蛋白的制备工艺

大豆分离蛋白是从低温豆粕中进一步去除所含的非蛋白质成分后，所得到的一种高纯度的大豆蛋白质制品。与大豆浓缩蛋白相比，大豆分离蛋白中不仅去除了可溶性糖类，而且还要去除不溶性糖类，因而其蛋白质含量更高，纯度达 90% 以上（以干基计），但相应其得率也必然低些，一般在35%~40%。目前，国内外生产大豆分离蛋白仍以碱提酸沉法为主。

（1）原理及工艺流程。碱提酸沉法制备大豆分离蛋白的原理为：将低温脱脂豆粕用 pH 值 7~8 的稀碱液浸提，经分离除去豆粕中的不溶性物质（主要是多糖或残留蛋白）；再用酸将浸出液 pH 值调至 4.5 左右，此时蛋白质处于等电状态而凝集沉淀，再经干燥即得大豆分离蛋白。碱提酸沉法生产大豆分离蛋白的工艺流程如图 3-4 所示。

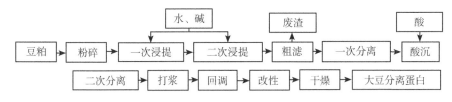

图 3-4　采用碱提酸沉法制备大豆分离蛋白的工艺流程图

（2）工艺要点说明

①原辅料要求。高质量的豆粕是获得高质量和高得率分离蛋白的前提。生产大豆分离蛋白的豆粕应无霉变、含杂少、蛋白质含量高，尤其是蛋白质的氮溶指数应较高。

②粉碎与浸提。大豆分离蛋白的生产，以往多采用的是干法粉碎，即首先将原料粉碎到 40~60 目，然后与水混合进行浸提，此时 pH 值一般控制在 7.0~8.5。最近研究发现，采用二次湿磨技术，对提高蛋白质的溶出率和浸提效率有显著效果。工艺操作为首先将豆粕粉与水混合，在 pH 值 9.0~9.5 条件下第一次浸提，再用胶体磨二次研磨，然后将浸提液 pH 值调节到 8.5~9.0 进行第二次浸提。

③粗滤与一次分离。将二次浸提液过滤除去大部分不溶性残渣，得到的粗滤液再通过离心分离除去浸提液中的细豆渣。粗滤筛网一般在 60~80 目，离心机筛网一般在 100~140 目。

④酸沉。将浸提液输入酸沉罐中，在不断搅拌的情况下，缓缓加入一定浓度的盐酸溶液，调整溶液 pH 值至 4.5 左右，使蛋白质在等电状态下沉淀。加酸时要不断监测 pH 值，当全部溶液都达到等电点时，应立即停止搅拌，静止 20~30min，使蛋白质形成较大的颗粒而沉淀下来，沉淀的速度越快越好。酸沉工序中加酸和搅拌速度是关键，酸沉时的搅拌速度宜慢不宜快。

⑤二次分离与洗涤。用离心机将酸沉后的沉淀物离心脱水，弃去上清液；沉淀再用 50~60℃ 的温水洗涤至 pH 值 6 左右。

⑥打浆、回调及改性。由分离机排出的蛋白质沉淀物呈凝乳状，且有较多的团块，为进行喷雾干燥，需加适量的水并搅打（或研磨）成均匀的浆液。为了提高凝乳蛋白的分散性和最终产品的实用性，可用 5% 的 NaOH 溶液进行中和回调。为了突出大豆蛋白质的功能特性，可在打浆、回调时或回调后进行一定的处理，如将回调后的大豆分离蛋白浆液在 90℃ 加热 10min 或 80℃ 加热 15min，不仅可以起到杀菌作用，而且可以明显提高产品的凝胶性。

⑦灭菌与干燥。对上述蛋白浆料经 140℃、15s 的灭菌处理后方可进行干燥，大豆分离蛋白的干燥普遍采用的是喷雾干燥法。喷雾干燥时，对浆料的一个最基本的要求就是浓度，进入喷塔的浆料浓度过高，黏度过大，易阻塞喷嘴，喷塔工作不稳定；浓度过低，产品颗粒小，质量体积过大，不便于运输，一般浓度应控制在 12%~20%，视其黏度而定，制取大豆分离蛋白优

先选用压力喷雾，这样可以提高浆料浓度和产品质量。

3. 大豆组织蛋白的制备工艺

大豆蛋白质具有组织形成性，利用这个特性可以生产大豆组织蛋白。

（1）原理及工艺流程。大豆组织蛋白是以浓缩大豆蛋白（蛋白质含量为70%）、低温脱脂豆粕粉、大豆分离蛋白等为原料，加入一定量的水及添加剂混合均匀，经加温、加压、成型等机械或化学的方法改变蛋白质组织结构，使蛋白质分子之间整齐排列且具有同方向的组织结构，同时膨化、凝固，形成纤维状蛋白，使之具有与肉类相似的咀嚼感，这样生产的大豆蛋白质制品称之为大豆组织蛋白。目前生产大豆组织蛋白的方法主要有两种，挤压膨化法和纺丝黏结法，下面主要介绍挤压膨化法，工艺流程如图3-5所示。

图3-5 采用挤压膨化法制备大豆组织蛋白的工艺流程图

（2）工艺要点说明

①原料要求。加工组织蛋白的原料一般要求蛋白质变性程度低、含油量低。原料可选用低温脱脂豆粕、高温脱脂豆粕、冷榨豆粕、脱皮大豆粉、浓缩蛋白、分离蛋白等，原料粒度要求为40~100目。大豆组织蛋白生产原料的规格见表3-13。在国外，主要选用低温脱脂豆粕和低变性浓缩大豆蛋白为原料。在国内，低温脱脂豆粕与冷榨豆粕的用量较大。

②调和。将粉碎后的原料粉加适量的水、改良剂及调味料调和成面团。不同添加物对产品特性产生影响，主要表现在如下几个方面。

加水量 加水是调和工序的关键，合适的加水量能使得挤压膨化时进料顺利，产量高，组织化效果好；反之，不但进料慢，而且产品质量也不好。不同的原料、季节、机型，调粉时的加水量都不相同。高变性原料一般加水量要多于低变性原料，低温季节的加水量要比高温季节稍多一些。挤压膨化机对进料水分的要求一般为28%~50%。

表 3-13　大豆组织蛋白生产原料规格

项目	冷榨饼粉	低变性脱脂粕粉	混合蛋白质粉
外观	淡黄或黄色，无异味	淡黄，新鲜、无异味	淡黄，无异味
水分/%	<13	<12	<10
脂肪/%	<8	<1	<1
总蛋白质/%	> 47	> 50	>50
水溶蛋白质/%	> 35	> 40	>40
残留溶剂/（mg/kg）	—	<500	<200
粉碎度/（目）	> 100	> 100	>100
灰分/%	—	—	6.8
纤维素/%	—	—	3.7

脂肪含量　脂肪含量低利于生产，组织化进料顺利。国外生产的大豆组织蛋白，其脂肪含量小于1%，国内要求脂肪含量小于6%。

pH 值　pH 值对产品的特性有重要影响。当 pH 值高于 8.5 时，产品带有苦味；当 pH 值为 8.5 时，产品变脆、咀嚼性较低，吸水快。当 pH 值在 5.5 以上时，可增加产品的韧性或咀嚼性；当 pH 值低于 5.5 时，挤压将难以进行。对大豆蛋白质产品而言，pH 值的最佳范围应控制在 6.5~7.5。

碱　挤压膨化生产组织化大豆蛋白质常用的组织改良剂主要是碱，使用最多的是碳酸氢钠和碳酸钠，添加量一般在 1.0%~2.5%。一般是把物料的 pH 值调到 7.5~8.0，这样既可以改善产品的组织结构，又不影响口感。

其他添加剂　研究表明：在配料时，添加天然乳化剂（0.2%~0.5%卵磷脂）可提高产量，使产品组织结构较密实；添加适量的食盐能增加产品的结实性和强化 pH 调节效果。调粉工序加一些调味料、营养强化剂、香料、漂白剂及着色剂等，可提高产品的营养价值和风味，对生产仿肉制品尤为重要。常用的调味料有食盐、味精、酱油、香辛料等。食盐的加入量一般在 0.5%左右。酱油的加入量一般为 1%~5%。为了防止香料、色素、维生素在高温下变性或挥发，这些物质应在膨化后专设拌料器将其拌入成品。

③挤压膨化。要想生产出质量好、色泽均一、无硬芯、富有弹性、复水性好的组织化大豆蛋白，除要选好机型、原料、调好水分外，必须控制好挤压工序的加热温度和进料量，此道工序是生产过程中的关键。

加热温度　大豆蛋白质挤压膨化过程中，温度是一个很重要的因素，温度的高低决定着膨化区内的压力大小，决定着蛋白质组织结构的好坏。低变性原料，温度相对要求较低，高变性原料温度相对要求较高。

一般挤压机的出口温度不应低于180℃，入口温度应控制在80℃左右。挤压机的出口温度若低于140℃时，产品明显发"生"，有硬芯；高于340℃时，产品颜色深，有焦煳味。用低变性原料生产大豆组织蛋白时，一般选用的是两区或者三区加热挤出机，温度控制范围一般是第一区100～121℃，第二区121～186℃；或第一区70℃，第二区140℃，第三区180℃。用高变性原料生产组织化大豆蛋白质时，一般需选用四区加热挤压机，其温度控制范围是第一区70～90℃，第二区140～150℃，第三区160～190℃，第四区190～220℃。

进料量　挤出工序进料量及均匀度也影响组织化大豆蛋白质的质量，进料量要与机轴转速相配合，特别注意不能空料，否则不但产品不均一，而且易喷爆、焦煳。

④干燥。可采用普通鼓风干燥机，也可采用真空干燥机或流化床进行干燥。干燥工序的主要参数即是温度，一般应将温度控制在70℃以下，产品最终水分须控制在8%～10%范围内。

（三）大豆蛋白系列产品的相关标准

大豆蛋白与大米蛋白产品均适用于国家标准《GB 20371—2016 食品安全国家标准　食品加工用植物蛋白》、中国农业行业标准《NY/T 2535—2013 植物蛋白及制品名词术语》和《CXS 174—1989 植物蛋白制品法典标准（2019 版）》。其中参考国家标准《GB 20371—2016 食品安全国家标准　食品加工用植物蛋白》，将植物蛋白分为粗提蛋白、浓缩蛋白、分离蛋白、植物水解蛋白、组织蛋白五大类产品。

另外，针对大豆蛋白产品的相关标准有 4 个，分别为国家标准《GB/T 22493—2008 大豆蛋白粉》、中国农业行业标准《NY/T 2317—2013 大豆蛋白粉及制品辐照杀菌技术规范》、《CXS 175—1989 大豆蛋白产品法典标准（2019 版）》和中国粮油学会团体标准《T/CCOA 28—2020 特级大豆蛋白肽》。商务部针对大豆蛋白制品制定了标准《SB/T 10649—2012 大豆蛋白制品》，将大豆蛋白制品分为油炸和蒸煮两大类产品，并分别对其感官要求、理化指标和卫生指标做出了明确的规定。其中，国家标准《GB/T 22493—2008 大豆蛋白粉》又依据大豆蛋白在加工过程中变性程度分为两大类，热变性大豆蛋白粉和低变性大豆蛋白粉。从感官要求、质量指标和卫生指标做出了明确的规定，具体见表 3-14、表 3-15 和表 3-16。

表 3-14　《GB/T 22493—2008 大豆蛋白粉》标准中的感官要求

项目	要求
形态	粉状，无结块现象
色泽	白色至浅黄色
气味	具有大豆蛋白粉固有的气味，无异味
杂质	无肉眼可见的外来物质

表 3-15　《GB/T 22493—2008 大豆蛋白粉》标准中的质量指标

项目	热变性大豆蛋白粉	低变性大豆蛋白粉
氮溶解指数（NSI）/%	—	≥55
粗蛋白质（以干基计，N×6.25）/%	≥50	≥50
水分/%	≤10	≤10
灰分（以干基计）/%	≤7	≤7
粗脂肪（以干基计）/%	≤2	≤2
粗纤维（以干基计）/%	≤5	≤5
细度（通过直径 0.154 mm 筛）/%	≥95	≥95

表 3-16　《GB/T 22493—2008 大豆蛋白粉》标准中的卫生指标

项目	热变性大豆蛋白粉	低变性大豆蛋白粉
菌落总数/（CFU/g）	≤30 000	≤50 000
大肠菌群/（MPN/100 g）	≤90	≤2 400

（续表）

项目	热变性大豆蛋白粉	低变性大豆蛋白粉
霉菌和酵母菌（CFU/g）	≤100	≤1 000
致病菌（沙门氏菌、志贺氏菌、金黄色葡萄球菌）	不得检出	不得检出
总砷（以 As 计）/（mg/kg）	≤0.5	≤0.5
铅（以 Pb 计）/（mg/kg）	≤1.0	≤1.0
残留溶剂/（mg/kg）	≤500	≤500

四、植物蛋白肽的生产技术

（一）蛋白肽的性质

植物蛋白资源丰富，具有产量高、价格低的优势，通过酶法水解植物蛋白制备植物蛋白肽粉，符合现代食品生物工业的发展要求，具有广阔的应用前景。功能肽是一段有特定结构的氨基酸序列，而这段序列只有从蛋白质里释放出来才具有活性，一般由 2~20 个氨基酸组成，分子量低于 2 000Da。研究发现植物蛋白酶解物及其生物活性肽类物质，不仅能够保留植物蛋白原有的营养价值，还能够丰富其功能活性，具体表现在以下两个方面。

1. 具有优良的消化吸收性能

蛋白肽能作为氨基酸供体，在体内具有优良的消化吸收性能。现代营养学研究表明，在相同浓度下寡肽比氨基酸更容易被消化吸收，因为寡肽转运系统具有转运速度快、耗能低、不易饱和的特点；同时其利用效率也比氨基酸高，因为寡肽进入人体后，能够消除游离氨基酸的吸收竞争，并且可以直接用来合成蛋白质，相对于直接利用氨基酸合成蛋白质更省能。

2. 功能活性的肽片段发挥生理调节作用

通过水解能够释放出蕴藏在蛋白质内部具有功能活性的肽片段，在体内参与特殊的生理调节活动。自 1902 年 Bayliss 和 Startling 第一次在动物体内发现了可以引起胰腺分泌的活性肽以来，人们已经发现了数万种活性肽，按照其功能可分为：免疫调节肽、激素调节肽、抗菌肽、抗氧化肽、降血压肽和阿片活性肽等。

（二）植物蛋白肽的制备工艺

1. 蛋白酶

蛋白酶是催化肽键水解的酶类，蛋白酶水解蛋白时，作用部位因肽键种类而异。胰蛋白酶的切开点是羧基侧为碱性氨基酸的肽键，胃蛋白酶切开肽键两头的芳香族氨基酸，枯草杆菌碱性蛋白酶的切开点是羧基侧为疏水性芳香族氨基酸的肽键，而多数霉菌的酸性蛋白酶则水解羧基侧的赖氨酸残基。因此，各种不同的蛋白酶对蛋白肽键作用的切点都有专一性。现有分类方法中，根据作用最适 pH 值的范围，将蛋白酶分为三大类：酸性蛋白酶、中性蛋白酶和碱性蛋白酶。

（1）酸性蛋白酶。

①基本性质。酸性蛋白酶的最适 pH 值 2.0~5.0，相对分子质量 30~35kDa，等电点 pH 值 3.0~5.0；在 pH 值 7.0、40℃的条件下维持 30min 将失活。

②温度。一般霉菌酸性蛋白酶在 50℃以下较为稳定，但根据菌种的不同，其温度范围也各不相同，黑曲霉产生的酸性蛋白酶最适温度 50℃，低于 45℃、高于 60℃时，酶活力会下降，70℃失活。

③金属离子。酸性蛋白酶可被 Mn^{2+}、Ca^{2+}、Mg^{2+} 激活，被 Cu^{2+}、Hg^{2+}、Al^{3+} 抑制，液体酸性蛋白酶长期存放在碳钢罐中失活严重。

（2）中性蛋白酶。

①基本性质。微生物中性蛋白酶是金属酶，一分子酶蛋白中含有一个锌原子，相对分子质量 35~40kDa，等电点 pH 值 8~9 不稳定。

②温度。一般中性蛋白酶的热稳定性较差，枯草杆菌中性蛋白酶在 pH 值 7.0、60℃、15min 失活 90%；栖土曲霉 3.942 中性蛋白酶在 55℃、10min 失活 80%以上。因此，酶的最适温度控制在 45~50℃。

③pH 值。代表性的中性蛋白酶是耐热解蛋白芽孢杆菌所产生的热解素与枯草杆菌所产生的中性蛋白酶，这些酶在 pH 值 6~7 稳定，超出此范围迅速失活。以酪蛋白为底物时，枯草杆菌蛋白酶最适 pH 值为 7~8，热解素 pH 值为 7~9，曲霉菌 pH 值为 6.5~7.5。

（3）碱性蛋白酶。

①温度。多数酶不耐热，在 50~60℃ 加热 10min 酶活性降低 50%。其作用最适温度 45~50℃，活性中心含有丝氨酸，属丝氨酸蛋白水解酶类。而芽孢杆菌碱性蛋白酶不含半胱氨酸残基，其相对分子质量在 20~34kDa，等电点 pH 值 8.0~9.0。

②pH 值。多数微生物碱性蛋白酶在 pH 值 7.0~11.0 有活性，以酪蛋白为底物时最适 pH 值 9.5~10.5，这些酶除水解肽键外，还具有水解酯键、酰胺键和转酯、转肽能力。

2. 植物蛋白肽的制备工艺

（1）原理及工艺流程。以植物蛋白中蛋白纯度相对较高的分离蛋白为原料，通过蛋白酶水解的方式切割蛋白分子上的肽键，制备得到分子量5 000Da 以下的蛋白肽，其工艺流程见图 3-6。

分离蛋白 → 调浆 → 酶解反应 → 分离 → 精制 → 浓缩 → 干燥 → 蛋白肽

图 3-6 以分离蛋白为原料制备蛋白肽的工艺流程图

（2）工艺要点说明

①原料。蛋白肽生产的原料尽可能选取杂质含量少、纯度较高的分离蛋白，这样能够尽量减少后续工艺中精制的步骤，降低精制的难度。以大豆肽生产为例，所采购的大豆分离蛋白必须严格检验，确保符合大豆肽生产的要求，大豆分离蛋白的感官质量要求和理化指标见表 3-17 和表 3-18。

②调浆。向酶解罐中缓缓倒入大豆分离蛋白，用水搅拌均匀，避免结块。酶解罐的装料系数不宜太大，一般控制在 70% 左右，以防加热变性时泡沫外溢。调浆时需要同时调节如下参数。

料液比 底物浓度对大豆分离蛋白的水解速度与水解度具有显著影响，一般控制料水比 1∶10 左右。底物浓度过高，大豆蛋白溶液黏度很大，会造成体系中的水活度过低，降低了底物和蛋白酶的扩散运动，对水解产生抑制作用；底物浓度过低时，会降低酶和底物的碰撞概率，水解反应速度降低。实际生产中，一般以8%~10%作为最佳底物浓度。

表3-17 大豆肽生产原料的感官质量要求

项目	质量要求	项目	质量要求
形态	粉状，无结块现象	气味	具有大豆蛋白粉固有的气味，无异味
色泽	白色至浅黄色	杂质	无肉眼可见的外来物质

表3-18 大豆肽生产原料的理化指标要求

项目	指标	项目	指标
粗蛋白质（以干基计，N×6.25）/%	≥90	粗脂肪（以干基计）/%	≤2
水分/%	≤10	粗纤维（以干基计）/%	≤5
灰分（以干基计）/%	≤7	细度（通过直径0.154mm筛）/%	≥95

温度 大豆蛋白的热变性程度对其水解度有显著影响。适度变性有利于提高大豆蛋白的水解度，但热变性时间过长，会导致大豆蛋白过度变性，水解度反而下降。实际生产中，一般向夹套通入蒸汽，升温至80~85℃，维持5~10min，然后迅速降温至55℃。

pH值 根据所选用的蛋白酶的种类，采用Na_2CO_3、NaOH或HCl的溶液将大豆蛋白浆调整至酶的最适pH值。例如，采用碱性蛋白酶进行水解时，最适pH值为8.0~9.0。实际生产中，有时为减少产品的灰分，采用碱性蛋白酶、中性蛋白酶、风味蛋白酶等酶制剂进行水解时，也可以不调节pH，但水解速度会受到影响。

③酶解。酶解是蛋白肽生产中最为关键的环节，通常需要考虑以下因素：

酶种类选择 用于生产大豆肽的蛋白酶种类较多，其中以碱性蛋白酶、风味蛋白酶、木瓜蛋白酶和中性蛋白酶应用最多。各种蛋白酶对大豆蛋白的水解能力不同，碱性蛋白酶的水解能力最强，中性蛋白酶与风味蛋白酶次之。

酶的组合形式 大豆肽的生理功能和理化特性与其分子量有关，适当提高水解度，降低分子质量，有利于大豆肽的生理活性和物化特性。但单独一种蛋白酶很难实现大豆蛋白的深度水解，同时或依次采用不同的蛋白酶进行水解，可以提高水解度，降低大豆肽的分子质量。多酶复合水解对大豆分离蛋白的水解度与大豆肽收率的影响见表3-19。

表3-19 多酶复合水解对大豆分离蛋白的水解度与大豆肽收率的影响

方式	蛋白酶种类与用量	水解度/%	收率/%
单酶水解	碱性蛋白酶1%	12.6±0.5	76.4±1.4
双酶水解	碱性蛋白酶1%，菠萝蛋白酶0.5%	13.5±0.6	78.3±0.9
	碱性蛋白酶1%，中性蛋白酶0.5%	14.3±0.5	79.0±0.5
	碱性蛋白酶1%，木瓜蛋白酶0.5%	13.1±0.5	77.8±0.9
	碱性蛋白酶1%，风味蛋白酶0.5%	16.6±0.9	79.1±0.2
三酶水解	碱性蛋白酶1%，风味蛋白酶0.5%，菠萝蛋白酶0.5%	16.6±0.9	79.3±0.2
	碱性蛋白酶1%，风味蛋白酶0.5%，木瓜蛋白酶0.5%	16.3±0.9	78.8±0.6
	碱性蛋白酶1%，风味蛋白酶0.5%，中性蛋白酶0.5%	18.3±0.5	79.9±0.7

酶解温度和时间 酶解温度与时间是影响水解速度与最终水解的2个最重要的因素。应根据所使用的蛋白酶类型，设定最适作用温度。水解初期，水解度迅速提高，但一段时间后，水解度随时间延长而增速变慢，水解时间过长没有实际意义，且可能引起酶解液腐败变质。实际生产中，一般控制水解时间为6~12h。

④灭酶、分离。酶解结束后，向夹套中通入蒸汽，升温至90℃，维持10min进行灭酶。然后向夹套中通入冷却水，迅速降温至40℃以下。酶解液不宜长时间处于高温状态，以防产品颜色加深，影响质量。

⑤精制。酶解过程添加的外援试剂可能会增加蛋白肽中的灰分含量，当蛋白肽产品灰分含量较高时，需要增加脱盐精制步骤。

⑥浓缩。真空浓缩工艺可采用双效或三效真空浓缩设备，浓缩温度为70~80℃。由于大豆肽溶液具有起泡性，需加强生产过程控制，严防泡沫逃

逸。如果蒸出的水有颜色，说明有大豆肽随泡沫进入蒸馏水，如果颜色较深，可考虑回收，以减少损失。提高浓缩倍数，有利于提高后续喷雾干燥的速度并节约能源，但浓缩倍数过高，会影响物料的流动性。浓缩倍数宜控制在 5~10 倍。

⑦灭菌、干燥。为减少产品中的细菌总数，浓缩液可采用蒸汽超高温瞬时灭菌机于 130~140℃ 灭菌 3~5s。采用喷雾干燥机，于进口温度 220~240℃、出口温度 70~80℃ 的条件下进行喷雾干燥。大豆肽具有较强的吸潮性，喷雾干燥设备宜配置冷风收料系统，冷却后的大豆肽产品应及时密封保存。

（三）植物蛋白肽的相关标准

目前植物蛋白肽的相关标准共有 4 个，涉及 3 类粮油作物：玉米、小麦和大豆，分别为：中国轻工业行业标准《QB/T 4707—2014 玉米低聚肽粉》、《QB/T 5298—2018 小麦低聚肽粉》、国家标准《GB/T 22492—2008 大豆肽粉》和中国粮油学会颁布的团体标准《T/CCOA 28—2020 特级大豆蛋白肽》。

1. 玉米低聚肽相关标准

中国轻工业行业标准《QB/T 4707—2014 玉米低聚肽粉》从原辅料要求、感官要求、理化指标、污染物、微生物和卫生要求 6 个方面做出了明确的规定，具体见表 3-20 和表 3-21。

表 3-20　《QB/T 4707—2014 玉米低聚肽粉》标准中的感官要求

项目	要求
形态	粉状，无结块
色泽	淡黄色到棕黄色
滋味、气味	具有产品特有的滋味和气味
杂质	无外来可见杂质

表 3-21　《QB/T 4707—2014 玉米低聚肽粉》标准中的理化指标要求

项目	要求
蛋白质（以干基计）/（g/100g）	≥80
低聚肽（以干基计）/%	≥70
相对分子质量小于 1 000 的蛋白质水解物所占比例/%（λ=220 nm）	≥85
水分/（g/100g）	≤7
灰分/（g/100g）	≤8

2. 小麦低聚肽相关标准

中国轻工业行业标准《QB/T 5298—2018 小麦低聚肽粉》从原辅料要求、感官要求、理化指标、微生物、真菌毒素、污染物和卫生要求 7 个方面做出了明确的规定，具体见表 3-22 和表 3-23。

表 3-22　《QB/T 5298—2018 小麦低聚肽粉》标准中的感官要求

项目	要求
形态	粉状，无结块
色泽	白色到浅灰色
滋味、气味	具有产品特有的淡苦味和气味
杂质	无外来可见杂质

表 3-23　《QB/T 5298—2018 小麦低聚肽粉》标准中的理化指标要求

项目	指标	
	一级	二级
蛋白质（以干基计）/（g/100g）	≥90	≥75

（续表）

项目	指标	
	一级	二级
低聚肽（以干基计）/%	≥75	≥50
相对分子质量小于 1 000u 的蛋白质水解物所占比例/%（λ=220nm）	≥85	—
谷氨酸/（g/100g）	≥25	≥20
水分/（g/100g）	≤6.5	≤6.5
灰分/（g/100g）	≤6	≤6

3. 大豆肽相关标准

涉及大豆肽的标准有 2 个，分别为国家标准《GB/T 22492—2008 大豆肽粉》、中国粮油学会颁布的团体标准《T/CCOA 28—2020 特级大豆蛋白肽》。其中，国家标准《GB/T 22492—2008 大豆肽粉》从感官要求、理化指标及分级指标、卫生要求 3 个方面做出了明确的规定，具体见表 3-24 和表 3-25。

表 3-24　《GB/T 22492—2008 大豆肽粉》标准中的感官要求

项目	要求
细度	100%通过孔径为 0.250mm 的筛
颜色	白色、淡黄色、黄色
滋味、气味	具有本产品特有的滋味与气味，无其他异味
杂质	无肉眼可见的外来物质

表 3-25　《GB/T 22492—2008 大豆肽粉》标准中的理化指标及分级指标要求

项目	质量指标		
	一级	二级	三级
粗蛋白质（以干基计，N×6.25）/%	≥90	≥85	≥80

（续表）

项目	质量指标		
	一级	二级	三级
肽含量（以干基计）/%	≥80	≥70	≥55
≥80%肽段的相对分子质量	≤2 000	≤5 000	≤5 000
灰分（以干基计）/%	≤6.5	≤8	≤8
水分/%	≤7	≤7	≤7
粗脂肪（干基）/%	≤1	≤1	≤1
脲酶（尿素酶）活性	阴性	阴性	阴性

第三节　粮油副产物中蛋白资源生产的关键技术装备

一、干法粉碎机械与设备

（一）锤片式粉碎机

锤片式粉碎机是使用最广的一种干法粉碎机，该机具有结构简单、适用范围广、生产效率高和产品粒度便于控制等特点。锤片式粉碎机的结构通常由喂料室、粉碎室（转子、锤片、筛片、齿板）、排料室（风机、集料筒、集尘布袋）三部分组成。工作时，物料从喂料室进入粉碎室，在高速回转的锤片打击下飞向齿板，与齿板碰撞弹回后再次受到锤片的打击；同时，在筛片与锤片间，物料又受到强烈的摩擦，在反复的打击碰撞和摩擦作用下，物料逐渐被粉碎。不带风机的粉碎机，由粉碎室内的气流使粉碎物通过筛孔排出；带风机的粉碎机，将粉碎物从筛孔抽出后，尚需通过集粉装置（如集料筒、集尘布袋等）将混合气流中的空气与粉碎物分离。

（二）气流粉碎机

气流粉碎机是在高速气流（300~500m/s）作用下，物料通过本身颗粒之间的撞击、气流对物料的冲击剪切作用以及物料与其他构件的撞击、摩擦、剪切等作用使其粉碎。通常气流粉碎机有立式环形喷射气流粉碎机和对冲式气流粉碎机。

1. 立式环形喷射气流粉碎机

立式环形喷射气流粉碎机是由立式环形粉碎室、分级器和文丘里式给料装置等组成。下部粉碎区设有多个喷嘴，喷嘴与粉碎室轴线相切，上部分级区设有百叶窗式惯性分级器。工作时，物料经给料器由文丘里喷嘴送入粉碎区，再经一组研磨喷嘴由气流喷入不等径变曲率的环形管粉碎室内，加速颗粒并使其相互冲击、碰撞、摩擦而粉碎。气流携带粉碎的颗粒进入分级区，由于离心力场的作用使颗粒分流，细粒在内层经分级器分级后排出，粗粒在外层沿下行管落入粉碎区继续粉碎。粉碎成品的粒度在 $0.2 \sim 3 \mu m$。

2. 对冲式气流粉碎机

对冲式气流粉碎机主要由冲击室、分级室、喷管、喷嘴等组成。工作时，两喷嘴同时相向、向冲击室喷射高压气流，加料喷嘴喷出的高压气流将加料斗中的物料吸入，在喷管里物料被加速进入粉碎室，受到粉碎喷嘴喷射出的高速气流阻止，物料冲击在粉碎板上而粉碎。粉粒随气流进入分级室，在离心力场的作用下而分级。粗粒的离心力较大，沿分级室外壁运行至下导管入口处，被粉碎喷嘴喷出的气流送至粉碎室继续粉碎；细粒的离心力较小，处于内壁，随气流吸入出口。粉碎成品的粒度在 $0.5 \sim 10 \mu m$。

二、混合与反应机械设备

(一) 面筋洗涤机

面筋洗涤机适用于谷朊粉的混合、反应与分离。该设备底部为双弧形的筒体，下部装有两支并列的带螺旋形的搅拌叶片，叶片采用优质钢锻成，中间无穿心转轴，工作时两支搅拌叶片相向旋转，使面团从前后左右向中间推挤，从而使面团搅拌均匀并有上劲的作用。由于中间无穿心转轴，因此在工作时不会产生抱轴现象，从而消除了一般搅拌机中易产生搅拌死角和面团夹生的弊病，同时也减轻了工人割取面筋的劳动强度。由于面筋揉造和洗涤在同一容器内进行，所以面筋的收率较高。

（二）挤压膨化机

挤压膨化法生产大豆组织蛋白，最主要的设备是挤压膨化机，常用设备为单螺杆变温型挤压膨化机。挤压膨化机的结构包括：喂料装置、机腔、螺旋轴、压模板、切割装置、附属加热部件及传动装置等部分。主机与螺旋型榨油机相似，但机腔为封闭型圆筒，筒壁或心轴内附属设有加热装置。原料粉经圆筒形喂料器、变速定量喂料螺旋输送机送入物料混合器，并通入蒸汽或加入热水，以调节物料水分，搅拌均匀后形成面团喂入机腔。在螺旋轴的推动下，物料不断前移，并沿机腔纵向分 3 个阶段受到不同的作用：第一阶段为进料段，物料被推进混合，直到开始压紧。第二阶段为预热压缩段，物料在不断被挤压的同时受到 1~2 道加热，面团被预热至 70~100℃，然后继续加热至 120~150℃。此时面团中的蛋白质、淀粉、糖类等受到水分、温度以及与机腔内壁之间的剧烈摩擦作用而发热，并在螺旋剪切力的联合作用下，逐渐形成胶状融合体。第三阶段，即物料被推进至锥形模头附近时（出口前 12~20s 停留段），迅速升温至 160~230℃，使胶体中的多余水分剧烈汽化，产生较大的压力（如 2~4MPa），进而使物料在压力和螺旋轴的挤压下，由模板的开孔处喷出。由于机腔内外巨大的压力差，物料中水分骤然汽化，使产品形成多孔结构。这时可由变速旋转的切割刀将产品切割成需要的大小和形状。

（三）浸取罐

浸取罐适用于大豆浓缩蛋白、花生衣红等的乙醇提取。浸取操作通常采用 3 种操作方式，即单级间歇式、多级接触式和连续式。

1. 单级间歇式浸取

单级间歇式浸取也称浸渍，属于静态提取方法，是将已预处理过的原料装入密闭容器，在常温或加热条件下进行浸取目的产物的操作过程。浸渍一般使用密闭的浸取罐，每次萃取一般都使用新鲜溶剂。当溶质在原料中含量较少，而在溶剂中的溶解度比较大时，也可将浸取液作为溶剂反复使用，直到达到一定浓度为止。单级间歇式操作在小批量生产中广泛采用。

2. 多级间歇式浸取

多级接触式操作是将多个浸取罐以逆流的方式组合，新鲜原料与最后的浓浸取液接触，而大部分被浸取的物料则与新鲜溶剂接触。在这种操作中，一般只是溶剂按顺序流过各级，固体物料相对固定。为此，需要安装更多的浸取罐以供洗涤、卸料和装料等操作，同时还需配套的管道系统以实现各浸取罐之间的切换。该方法不适用于黏度高、流动性差的物料的提取。

3. 卧式连续式浸取

卧式连续式浸取器的螺旋输送器是水平放置的。典型的实例是甜菜糖厂广泛使用的 DDS 浸取器，它用一双螺旋输送器来实现物料的移动。浸取器本身略带倾斜，与地面呈 8°角，溶剂则借重力向下流动。为维持一定的浸取温度，设有夹套加热室。甜菜由较低的一端加入，被输送到较高的尾端后由废粕轮排出。

三、分离机械与设备

（一）锥型筛

离心筛是锥型筛的一种，其结构比较简单，轴上有筛胆，胆上配有筛绢，筛绢的目数由待分离物料的实际情况选用。需要筛分的浆水通过进浆管由进料管座进入筛胆内部，浆水喷落在水分盘上。由于转轴转速很高，产生的离心力使浆水从分水盘沿筛绢面不断从筛绢小端向大端移动。经过筛选的浆水穿过筛绢、筛胆孔，径向射出，被外壳集中从浆水出口流出。不能过筛的残渣则不断被推向大端，由环板甩出，经过外壳集中后由排渣口排出。如果残渣过多不易排出，则可通过喷淋水，使其变稀而流出。

（二）板框式过滤机

板框式过滤机是一种常用的固液分离设备，它是间歇式过滤机中应用最广泛的一种。其工作原理为：板框式过滤机是利用滤板来支撑过滤介质，滤浆因受压而强制进入滤板之间的空间内，并形成滤饼。过滤机组装时，将滤框与滤板用过滤布隔开且交替排列，借手动、电动或油压机构将其压紧。板框的角部开设的小孔构成供滤浆或洗水流通的孔道。框的两侧覆以滤布，空框与滤布围成容纳滤浆及滤饼的空间。滤板作用是支撑滤布并提供滤液流出的通道，板面制成各种凸凹纹路。滤板有洗涤板、非洗涤板和盲板 3 种结构，其中洗涤板设有洗水进口，非洗涤板无洗水进口，而盲板则不开设任何液流通道，为了辨别，常在板框外侧铸有标记。

(三) 酒精蒸馏设备

双塔式酒精连续精馏装置是由粗馏塔和精馏塔两个塔组成。粗馏塔相当于提馏段，从成熟醪中分离出稀酒精；精馏塔把稀酒精蒸馏提浓到成品所需浓度，同时分离部分杂质，并使成品质量达到医药酒精质量标准。

双塔式酒精连续精馏装置的工作原理为：成熟醪经泵送至醪液箱，流经预热器预热至 70℃，由粗馏塔顶层进塔。塔釜用蒸汽加热，酒精蒸气逐层上升，使酒精气化。气化的酒精经精馏段蒸馏提浓，上升至塔顶进入预热器，被成熟醪冷凝成为液体，回流至塔内，从塔顶以下 3~4 层塔板上引出已脱除部分杂质的成品酒精，经冷却器冷却入库。未冷凝的气体大部分在分凝器内冷凝，由于该部分含杂质较多，冷凝后作为工业酒精。

四、精制机械与设备

膜分离技术是一项重要的精制技术，可以用于植物蛋白肽和大豆低聚糖的精制脱盐、脱杂。膜分离方法主要包括渗透、反渗透、超滤、透析、电渗析、液膜技术、气体渗透和渗透蒸发等，各种分离方法及其分离原理见表3-26。

表 3-26　主要的膜分离方法

方法	相态	推动力	透过物	方法	相态	推动力	透过物
渗透	液/液	浓度差	溶剂	电渗析	液/液	电场	溶质/离子
反渗透	液/液	压力差	溶剂	液膜技术	液/液	浓度差和化学反应	溶质/离子
超滤	液/液	压力差	溶剂	气体渗透	气/气	压力差	气体分子
透析	液/液	浓度差	溶质	渗透蒸发	液/气	浓度差	液体组分

（一）超滤与反渗透膜组件

膜分离装置主要包括膜组件与泵。膜组件是以某种形式将膜组装形成的一个单元，直接完成分离。目前，工业上常用的膜组件有平板式、管式、螺旋卷式、中空纤维式、毛细管式和槽条式6种类型，优缺点比较见表3-27。

表3-27　6种膜组件优缺点对比

类型	优点	缺点
平板式	结构紧凑牢固，能承受高压，性能稳定，工艺成熟，换膜方便	液流状态较差，容易造成浓差极化，设备费用较大
管式	料液流速可调范围大，浓差极化较易控制，流道畅通，压力损失小，易安装、清洗、拆换，工艺成熟，可适用于处理含悬浮固体、高黏度的体系	单位体积膜面积小，设备体积大，装置成本高
螺旋卷式	结构紧凑，单位体积膜面积很大，组件产水量大，工艺较成熟，设备费用低	浓差极化不易控制，易堵塞，不易清洗，换膜困难
中空纤维式	单位体积膜面积最大，不需外加支撑材料，设备结构紧凑，设备费用低	膜容易堵塞，不易清洗，原料液预处理要求高，换膜费用高
毛细管式	毛细管一般可由纺丝法制得，无支撑，价格低廉，组装方便，料液流动状态易控制，单位体积膜面积较大	操作压力受到一定限制，系统对操作条件的变化比较敏感，毛细管内径太小时易堵塞，料液必须经适当预处理
槽条式	单位体积膜面积较大，设备费用低，易装配，易换膜，放大容易	料液流速控制性较差

（二）电渗析器

电渗析器设备由电渗析器本体及辅助设备两部分组成。电渗析器本体有板框式和螺旋卷式两种。以板框型电渗析器为例，其结构主要由离子交换膜、隔板、电极和夹紧装置等组成，整体结构与板式热交换器相类似，主要是使一列阳、阴离子交换膜固定于电极之间，保证被处理的溶液能绝对隔开。电渗析器两端为端框，每框固定有电极和用以引入或排出浓液、淡液、电极冲洗液的孔道。在电解质水溶液中，阳膜允许阳离子透过而排斥阻挡阴离子，阴膜允许阴离子透过而排斥阻挡阳离子，这就是离子交换膜的选择透过性。在电渗析过程中，离子交换膜不像离子交换树脂那样与水溶液中的某种离子发生交换，而只是对不同电性的离子起到选择性透过作用，即离子交换膜不需再生。

五、干燥机械与设备

（一）面筋干燥机

面筋干燥机属于气流干燥机类型，但由于要干燥的谷朊粉是浓度为70%左右的面筋团，因此进料器是一个专门设计的鱼尾形喂料器，由单螺杆泵提供喂料压力，通过它，面筋团被压成宽度大于扬升器锤片宽度的薄片，然后落入扬升器内。鱼尾喂料器的出口很窄，只有不到1mm的缝隙，且出口离扬升器锤片顶端也只有3mm左右的距离。因此，高速旋转的锤片很快将谷朊薄片粉碎，并将其和循环物料混合均匀，同时把它们分散到热空气中，由热空气携带着经干燥管带入蜗壳，并在此过程中将其干燥。在蜗壳内，物料被分成两部分：颗粒过大或未达到干燥要求的谷朊粉可被分离并重新回到扬升器粉碎干燥；已达到干燥要求的谷朊粉从蜗壳输送到袋式过滤器中与空气分离开来，然后由密封绞龙及闭风器卸出。

（二）喷雾干燥机

喷雾干燥机常用于大豆蛋白、大米蛋白、植物蛋白肽、膳食纤维等产品的干燥。喷雾干燥机因促使液体形成旋转运动的结构形式不同，压力喷嘴有多种类型，以旋转式和离心式最为常用。旋转式压力喷嘴内设有旋转室，液体在压力作用下经由旋转室导向形成旋转后喷出；离心式压力喷嘴内安装一插芯，液体在压力作用下通过内插头与喷嘴体形成的螺旋形通道，直接形成旋转运动而喷出。

喷雾干燥利用雾化器将溶液、乳浊液、悬浮液或膏状料液分裂成细小雾状液滴，在其下落过程中，与热气体接触进行传热传质，瞬间将大部分水分除去而成为粉末状或颗粒状的产品。喷雾干燥器的工作过程为：在干燥室顶部引入热风，同时料液被送到干燥室顶部，然后经过雾化器雾化成细小的雾滴，由于雾滴群具有极大的表面积，与热空气接触后，短时间内物料水分被蒸发，从干燥室底部卸料装置排出。热风吸收水蒸气后温度降低，湿度增大，作为废气由排风机从干燥室下侧抽出，废气中夹带的微细粉末用分离装置回收。

思考题

1. 富含蛋白质的粮油加工副产物有哪些？
2. 简述谷朊粉的功能特性。
3. 试述面糊法制备谷朊粉的加工原理。
4. 试述排杂法提纯米渣蛋白的加工原理。
5. 简述大豆蛋白系列产品的名称。
6. 简述挤压膨化法制备大豆组织蛋白的加工原理。
7. 简述功能肽的定义。
8. 简述大豆组织蛋白在挤压膨化机中所受到的作用力。
9. 简述膜分离装置中所使用的超滤和反渗透膜组件的名称及其优缺点。

第四章　粮油副产物中油脂的综合利用

第一节　粮油副产物中的油脂资源

一、概述

食用油脂是人类赖以生存和发展的最基本生活资料之一，其主要功能是提供热量，油脂含碳量达 73%~76%，热值 39.7kJ/g，是相同单位质量蛋白质或碳水化合物热值的 2 倍。除提供热量外，油脂还提供人体无法合成而又必须从食物中获得的必需脂肪酸和各种脂溶性维生素。现在，油脂和人类健康的关系已经成为生命科学的研究热点。

（一）油脂的生产、贸易和消费

世界范围内人口和收入的增长推动了油脂和家畜产品的消费需求，使人类对油料的需求日趋旺盛，但世界油料生产与贸易的格局很特殊，不是所有国家都盛产油料，实际上称得上油料生产大国的只限于国土面积较大、有广大农场的少数几个国家，有些国家甚至一点油料都不产。要应付这种不平衡性的挑战，只有通过油料生产的多种经营和增加油料及其产品的国际贸易才能满足全球的需求。表 4-1 为世界主要植物油的供求关系，表 4-2 为我国主要油料作物产量，我国主要植物油供求关系如表 4-3所示。

表 4-1　世界主要植物油的供求关系　（单位：百万 t）

产品名称	2013/2014 年度			2014/2015 年度			2015/2016 年度		
	产量	贸易量		产量	贸易量		产量	贸易量	
		进口量	出口量		进口量	出口量		进口量	出口量
大豆油	45.2	9.3	9.4	49.3	10.0	11.1	51.8	11.7	11.7
菜籽油	27.3	3.8	3.8	27.6	4.0	4.1	27.7	4.2	4.1
棕榈油	59.3	41.9	43.2	61.6	44.8	47.5	58.8	42.9	43.9
棕榈仁油	7.1	2.5	2.9	7.3	3.1	3.2	7.1	2.7	3.0
棉籽油	5.2	0.1	0.1	5.1	0.1	0.1	4.5	0.1	0.1
花生油	5.7	0.2	0.2	5.4	0.3	0.2	5.4	0.2	0.2
葵花籽油	15.5	7.0	7.8	15.0	6.2	7.4	15.5	7.0	8.1
椰子油	3.4	1.7	1.9	3.4	1.8	1.9	3.3	1.6	1.6
橄榄油	3.2	0.8	0.8	2.4	0.91	1.0	3.1	0.8	0.9
总量	171.9	67.2	70.2	177.2	71.1	76.6	177.2	71.0	73.6

表 4-2　我国主要油料作物产量　（单位：万 t）

产品名称	产量		
	2013/2014	2014/2015	2015/2016
花生	1 697.2	1 648.2	1 644.0
菜籽	1 445.8	1 477.2	1 493.1
大豆	1 195.1	1 215.4	1 178.5
葵花籽	242.4	249.2	269.8
其他	1 283.5	1 175.7	958.0
总量	5 864.0	5 765.7	5 543.4

表 4-3　我国主要植物油的供求关系　（单位：万 t）

产品名称	进口量			国内消费		
	2013/2014 年度	2014/2015 年度	2015/2016 年度	2013/2014 年度	2014/2015 年度	2015/2016 年度
棕榈油	557.3	569.6	468.9	570.0	570.0	480.0

（续表）

产品名称	进口量			国内消费		
	2013/2014年度	2014/2015年度	2015/2016年度	2013/2014年度	2014/2015年度	2015/2016年度
花生油	7.4	14.1	11.3	285.1	281.9	288.7
菜籽油	90.2	73.2	76.8	740.0	775.0	830.0
大豆油	1.353	77.3	58.6	1 365.0	1 420.0	1 525.0
葵花籽油	53.1	53.4	87.8	101.0	99.8	137.9
其他	67.1	75.1	77.7	215.7	214.1	200.3
总量	910.4	862.7	781.1	3 276.8	3 360.8	3 461.9

　　我国是一个油料油脂的生产大国和消费大国，也是一个油料油脂的加工和进出口大国，在国际上具有举足轻重的地位。我国菜籽、花生、棉籽、芝麻的产量居世界第一位，大豆、葵花籽的生产也名列前茅。但面对巨大的人口压力和不断增加的消费，我国国内油料生产远远不能满足需求。因而，未来相当长时间内中国将是食用植物油和油料的主要进口国之一。积极扶持国内油料产业发展，充分挖掘本国油料潜力，稳定和扩大国产油料产量，保证我国的食品安全，任重而道远。

（二）粮油副产物中油脂资源开发与利用的重要性

　　稻谷、小麦、玉米等粮食作物都含有少量的油脂，油脂的存在与粮食制品的食用性、营养性和储存性关系密切。油脂一般集中在作物种子的皮层和胚芽中，因此，粮食加工副产物都有较高的油脂含量，能够作为工业提取油脂的原料。这些从谷类种子的皮层和胚芽中提取出来的油脂统称为谷类油脂，包括米糠油、玉米胚芽油、小麦胚芽油等，具有较高的营养价值。谷类油脂的开发不仅能得到营养价值丰富的油脂，还可以得到大量的饼粕作饲料，因此，粮油副产物中油脂的开发是粮食工业深加工的重要内容，也是提高粮食加工经济效益、增加农民收入、保障粮食安全的重要举措之一。

二、小麦胚芽

小麦胚芽是小麦加工重要的副产物之一，麦胚在小麦粒中所占比例为 1.4%~3.8%，制粉时进入麦麸和次粉中。我国面粉厂每年产出的小麦胚芽可达 420 万 t。脂质是小麦中的微量成分，占籽粒重量的 3%~4%。其中，25%~30% 在胚中，22%~33% 在糊粉层中，4% 在外果皮中，其余的 40%~50% 在胚乳中。在糊粉层和胚中，70% 的脂质是由中性脂质组成的（主要是三酰甘油）。在胚乳中，大约 67% 的胚乳脂质是淀粉脂质，即极性脂质（磷脂和糖脂），33% 是淀粉粒以外的籽粒各部分中的脂质，称为非淀粉脂质。小麦中脂质的脂肪酸成分随品种和栽培条件不同而存在一些差异。小麦胚芽的化学组成见表 4-4。

表 4-4 小麦胚芽的化学组成

项目	碳水化合物	蛋白质	脂肪	纤维素	灰分
含量/%	39.0	31.0	12.0	4.0	6.0

三、米糠

米糠是糙米碾白过程中被碾下的皮层及少量米胚和碎米的混合物，稻谷加工的出糠率为 6%~8%，一般来说米糠的含油率为 18%~20%。米糠粗脂肪中含有中性油脂 88%~92%，其中游离脂肪酸 5%~15%。在中性油脂中，结合脂质占 2%~3%、非甘油酯不皂化物 3%~4%、不皂化物 3%~5%；此外还含有胡萝卜素和类胡萝卜素 200~300mg/kg，叶绿素 10~110mg/kg。米糠中含有约 30% 的稻米胚，稻米胚的中性脂质组成与米糠基本相似，但含量要高于纯米糠，表 4-5 为米糠和稻米胚的化学组成。

表 4-5 米糠和米胚的化学组成

项目	米糠	米胚	成分	米糠	米胚
碳水化合物/%	38.6	28.0	粗纤维/%	9.1	10.1

（续表）

项目	米糠	米胚	成分	米糠	米胚
蛋白质/%	17.5	20.8	灰分/%	9.9	10.2
脂肪/%	21.5	20.7	其他/%	3.4	10.2

四、玉米胚芽

玉米胚芽的体积和重量占整个籽粒的比例都较大，体积约占 1/4，重量占 8%~12%，玉米胚芽的主要化学成分及其含量见表4-6。

表4-6　玉米胚芽的化学组成

项目	淀粉	蛋白质	脂肪	纤维素	灰分
含量/%	1.5~5.5	17~28	35~56	2.4~5.2	7~16

胚芽的脂肪含量较高，一般在34%以上。因此，玉米胚芽是榨油的良好原料。由于玉米加工工艺的不同，胚芽的出油率存在较大的差别。干法分离的胚芽纯度低，含淀粉及种皮杂质较多，一般含油率为 20%~25%，因此，制油时要用筛分法尽可能将胚芽中的杂质去除，否则淀粉杂质会极大地影响胚芽的出油率。湿法分离的胚芽纯度高，胚的完整性好，干基含油高达 44%~50%。如此高的含油量是因为在浸泡过程中，胚芽中的糖类、淀粉及蛋白质类部分溶解在溶液中随水相排出的结果。

玉米脂肪含有 72.3% 的液体脂肪和 27.7% 的固体脂肪，常温下为液态。有研究发现，玉米中有游离脂类 4.6%~5.6%、结合脂类 0.3%~0.4%、牢固结合的脂类为 0.1%~0.5%。完整籽粒和胚芽中脂类的组成成分相似，但各成分含量不同，胚乳中脂类的饱和程度稍高。玉米胚芽油中各脂肪酸比例与提取溶剂有关，但脂肪酸组成几乎不受溶剂影响。

第二节　粮油副产物中油脂资源的生产技术

一、粮油副产物油脂的介绍

（一）小麦胚芽油

小麦胚芽油富含多不饱和脂肪酸，其中最主要的脂肪酸是亚油酸（C18：2），占总量的50%~69%，小麦胚芽油中的脂肪酸组成如表4-7所示。高含量的多不饱和脂肪酸对人体非常有益，然而高含量的亚油酸使油脂更容易氧化酸败。小麦胚芽油中主要的三酰甘油是1-棕榈酸-2，3-甘油二亚油酸酯（29%）、甘油三亚油酸酯（16%）、1-棕榈酸-2-亚油酸-3-三油酸甘油酯（12%）。己烷提取脂质中含有3.6%~10.1%的极性脂，这些极性脂成分主要是磷脂和低含量的糖脂。小麦胚芽油中非极性脂的组成如表4-8所示。除此之外，小麦胚芽油中还含有极为丰富的维生素E，且维生素E含量居众多油脂的首位。

表4-7　小麦胚芽油的脂肪酸组成

项目	亚麻酸（C18：3）	亚油酸（C18：2）	油酸（C18：1）	棕榈酸（C16：0）	硬脂酸（C18：0）
含量/%	1.2~8.5	50~69	13~27.5	12~18.6	0.1~1.7

表4-8　小麦胚芽油的非极性酰基酯组成

脂质类型	组成			
	C16：0	C18：0	C18：1	C18：2
甾醇酯/%	17.5	0.6	12.3	58.7
三酰甘油/%	17.5	0.5	13.8	59.3
自由脂肪酸/%	15.5	1.3	22.2	57.3
二酰甘油/%	21.0	1	18.8	52.2
单酰甘油/%	7.1	4.1	22.7	66.1

（二）米糠油

米糠中油脂含量约为 16%，其中，中性油脂、糖脂分别约为 75%、17%，其余为磷脂。米糠油中含有丰富的油酸、亚油酸等不饱和脂肪酸，占比可达 80% 以上，其脂肪酸组成见表 4-9；另外，米糠油中还含有多种生理功能活性物质，如谷维素、磷脂及植物甾醇等，对促进人体健康极为有利，因而米糠油又被营养学家誉为"营养保健油"，其营养成分及含量见表 4-10。米糠油具有气味芳香、耐高温煎炸、耐长时间储存和几乎无有害物质生成等优点，受到世界上许多发达国家的普遍关注，成为继葵花籽油、玉米胚油之后的又一优质食品用油。

表 4-9　米糠油脂肪酸组成

组成	含量/%	组成	含量/%
油酸（C18：1）	40～50	硬脂酸（C18：0）	1～3
亚油酸（C18：2）	29～42	棕榈酸（C16：0）	12～18
亚麻酸（C18：3）	<1	豆蔻酸（C14：0）	0.4～1

表 4-10　米糠毛油中的营养成分

成分	含量/%	成分	含量/%
谷维素	1.5～2.9	维生素 E	0.04～0.25
植物甾醇	0.75～1.8	角鲨烯	0～0.33

（三）玉米胚芽油

玉米胚芽油富含不饱和脂肪酸、天然维生素 E、植物甾醇和玉米黄质等活性物质，有"营养健康油""长寿油"等美誉。玉米胚芽油的营养价值主要体现在以下几个方面：一是不饱和脂肪酸含量高，玉米胚芽油中富含对人体有益的不饱和脂肪酸，含量达 85% 以上，主要有油酸和亚油酸，人体吸收率达97%以上；二是脂溶性维生素丰富，玉米胚芽油中天然维生素，如维生素A、维生素D、维生素E等含量高；三是活性物质含量丰富，玉米胚芽油中含有丰富的植物甾醇，每100g玉米油中可高达600mg左右。此外，玉米胚芽油中还含有β-胡萝卜素、磷脂、B族维生素以及钙、铁、锌等矿物元素。精制玉米胚芽油中脂肪酸组成见表4-11。

表4-11 玉米胚芽油脂肪酸组成

组成	含量/%	组成	含量/%	组成	含量/%
油酸 （C18：1）	20.0~42.2	亚油酸 （C18：2）	34.0~65.6	棕榈酸 （C16：0）	8.6~16.5
花生酸 （C20：0）	0.3~1.0	花生一烯酸 （C20：1）	0.2~0.6	花生二烯酸 （C20：2）	≤0.1
亚麻酸 （C18：3）	≤2.0	硬脂酸 （C18：0）	≤3.3	豆蔻酸 （C14：0）	≤0.3
芥酸 （C22：1）	≤0.3	木焦油酸 （C24：0）	≤0.5	十七烷酸 （C17：0）	≤0.1

二、粮油副产物油脂的生产技术

（一）原理及工艺流程

以粮油副产物为原料制取油脂的生产工艺通常分为4个环节，即稳定化、预处理、提取和精炼。稳定化操作的主要目的是钝化导致或促进脂肪酸败的脂肪分解酶和氧化酶等的酶活力，提高粮油副产物原料的稳定性，提升油脂品质；预处理操作的主要目的是除去杂质并将其制成具有一定结构性能的物料，以符合不同提取工艺的要求；提取工艺是制备获得毛油的过程，通常有压榨法和浸出法两种方法；精炼是将毛油通过机械去除杂质、脱胶、脱酸、脱色、脱臭、脱溶、冬化等一系列操作，最终获得品质合格的成品油。由富含油脂的粮油副产物为原料制备成品油的工艺流程见图4-1。

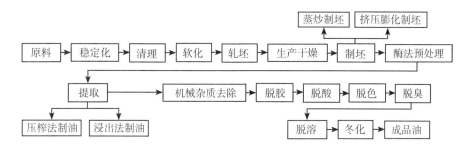

图 4-1　富含油脂的粮油副产物制备成品油的工艺流程图

（二）工艺要点说明

1. 稳定化

（1）稳定化操作的原因。对于米糠而言，其脂肪酶活性很高，在完整谷粒中，脂肪酶位于种皮层，油脂位于糊粉层、亚糊粉层和胚中，由于处于不同的部位，它们之间不会起反应。碾米之后，脂肪酶混入米糠中，油脂的水解作用就会迅速发生，产生游离脂肪酸，接着在氧化酶、光、热等因素的共同作用下发生脂肪的水解，进而导致米糠品质劣变。对于胚芽类副产物而言，胚芽属于粮油作物的再生组织器官，各种酶的活力很强，特别是脂肪水解酶、脂肪氧化酶，小麦胚芽在制粉过程中被分离出来时，脂肪酶就迅速将脂肪分解成脂肪酸，从而引起酸败，造成小麦胚芽变质而难以贮藏。因此，不论是米糠还是小麦胚芽、玉米胚芽，均需要进行稳定化操作，钝化导致或促进脂肪酸败的脂肪分解酶和氧化酶等酶活力。

（2）稳定化操作的原则。稳定化操作需要遵循以下 3 点原则：一是脂肪分解酶和氧化酶等酶的活力能够得到有效的抑制；二是尽可能减少对原料中其他组分如蛋白质、淀粉等的影响，以及保持功能成分活性；三是经济可行，推广应用简便。

（3）稳定化操作的方法。目前研究报道的稳定化操作的方法较多，如冷藏法、辐射法、微波法、化学法（抗氧化剂、酸及酶处理）、加热处理法（干热、湿热）、挤压膨化法等。由于冷藏法和微波法所需设备昂贵，一时难以推广，化学法、辐射法尚未成熟，目前较为常用的是加热处理法和挤压膨化法。下面以米糠原料为例介绍稳定化的具体操作及其优缺点。

①干热法。干热法主要用炒锅、干燥器等加热设备，对米糠进行加热处理以除去水分，钝化酶活性，延长米糠的保鲜期。工艺方法：将新鲜米糠原料在 2~4h 内烘炒加热 10~15min，使温度达到 95℃ 以上，水分降到 4%~6%，即可使米糠在短时间内保鲜。若继续加热，使温度达到 115~120℃，水分降到 3%~4%，保鲜期可达半个月左右。干热法虽然设备投资少，操作简单，但能源消耗大，米糠中部分营养成分被破坏，无法完全抑制酶的活性，米糠保存一段时间后游离脂肪酸仍会增加。

②湿热法。湿热法是利用蒸炒锅等设备，先在上层直接对米糠通入蒸汽，进行加湿、加热，然后干燥至水分为 12% 以下，最后冷却至常温。同干热法相比，湿热法钝化酶的效果好，但操作复杂，蒸汽耗量较大。

③挤压膨化法

挤压膨化法是利用挤压膨化机对米糠进行膨化处理，使米糠在高温、高压和摩擦力的作用下达到钝化酶的目的。同时，米糠的储存期大大延长，营养成分破坏少，结构疏松，有利于米糠作为饲料或后序制油操作，挤压膨化法可分为干法膨化和湿法膨化。

干法膨化　是不向米糠或膨化设备中添加水或蒸汽，只是米糠在膨化机内受到挤压、摩擦作用，使其密度不断增大，物料间隙中的气体被挤出，当空隙气体被填满后，物料因受剪切作用而产生回流，使机膛的压力增大，同时机械能转化为热能，将米糠温度升高到 100~130℃，经模板瞬间喷爆，形成具有一定强度的膨化米糠，从而使米糠中的酶类物质失去活性。

湿法膨化　是向膨化机内喷入蒸汽，使米糠在膨化机缸体内不仅受到挤压、揉搓、剪切等机械作用，而且还受到喷入蒸汽的湿、热作用，促使米糠温度达 100~120℃。从模板处挤出时，由于压力突降，水分迅速蒸发，米糠因急剧膨胀而形成疏松多孔且强度又高的挤压膨化物料。高压和湿热作用使米糠中的酶类物质失去活性，既延长了米糠的保鲜期，又破坏了油脂细胞，有利于米糠的浸出制油。

干法膨化和湿法膨化与上述其他米糠保鲜方法相比，具有操作简单、产量大、保鲜效果好等优点。相对而言，湿法膨化又较干法膨化有很大的优势，主要表现为产量大、动耗小、主要工作部件使用寿命长、保鲜效果好以及膨化后物料浸出效果好等优点。

2. 预处理

预处理主要包括净化、制坯两大步骤。为了制得高品质的油脂，首先应尽可能除去杂质，这一过程即为净化。油料净化包括贮存、清理、脱绒、剥壳去皮及分离等工序。制坯包括破碎、烘干、软化、轧坯、膨化成型或蒸炒成型等工序。

油料预处理工艺按照制油方式不同而存在差异，具体为：①压榨制油，要求确保蛋白质变性、凝聚油脂，坯料有良好弹性以承受机械压力，因此油料必须经蒸炒工序，使料坯受到强化湿热处理；②浸出制油，要求入浸料坯结构性好、坯薄、油路短、粉末度低并具有合适的温度、水分，从而有利于溶剂渗透和蛋白质的低变性利用，因此可用轧坯、干燥、膨化成型等取代蒸炒工序。

（1）清理。油料中杂质含量一般在 1% ~ 6%，大致可分为三大类：一是泥土、沙石、灰尘及金属等无机杂质；二是茎叶、绳索、皮壳及其他种子等有机杂质；三是不成熟粒、异种油料、规定筛目以下的破损油料、病虫害粒等含油杂质。这些杂质对制油极为不利，必须及时进行清理。在清理工段，除一般要求设置的清理筛、去石机、磁选器等设备外，现在也要求配备两级除尘系统，使原料中的有机杂质、并肩泥（石）、磁性物质、灰杂等彻底去除，提高后序工段的生产率，降低设备磨损。清理的方法主要有以下几种：筛选法、风选法、磁选法、水选法、密度去石法和撞击法。

（2）软化。软化即调理、调质，是调节油料的水分和温度，使其变软，增加塑性的工序，主要应用于含油量低或含水分低的油料，但对于含油量和水分含量均较高的油料是否软化的问题，就应慎重考虑了，否则轧坯时易粘辊面而造成操作困难。常用的软化设备有层式软化锅和滚筒软化锅，层式软化锅的结构如层式蒸炒锅，滚筒软化锅的结构类似于滚筒干燥器，软化的温度一般在 60℃左右。

（3）轧坯。轧坯是与软化工序紧密相连的，它是利用机械的作用，将油料由粒状压成薄片的过程，轧坯时，油料不但在外形尺寸上发生变化，同时在油料内部也有一系列的物理化学和生物化学变化。轧坯的目的在于破坏油料的细胞组织，形成薄片而增大表面积，有利于蒸炒时凝聚油脂，缩短出油距离，提高取油速度。对轧坯的基本要求是料坯要薄，面均匀，粉末少，不漏油，手捏发软，松手散开，料坯的厚度一般在 0.3 ~ 0.4mm，粉末度控制在筛孔 1mm 的筛下物不超过 10% ~ 15%。轧完坯后再对料坯进行加热，使其入浸水分控制在7%左右，粉末度控制在10%以下。

（4）生产干燥。以保证制油工艺效果而调整油料或坯料水分含量所进行的干燥称为生产干燥。直接浸出和冷榨取油往往不进行蒸炒，只对轧坯料进行生坯干燥或挤压膨化等生产干燥处理；生坯干燥是为了满足溶剂浸出取油时对入浸料坯水分的要求。油厂普遍采用对流干燥和传导干燥，前者又称热风干燥，一般采用高温热空气为干燥介质；后者又叫接触干燥，通过金属等界面间接传递热量给需干燥的物料，热源可以是水蒸气、热水、热空气等。

（5）制坯。

①蒸炒制坯。油料蒸炒是制油工艺过程中重要的工序之一，其本质上是一种湿热处理过程。油料蒸炒是指生坯经过加水湿润、加热、蒸坯和炒坯等处理，使之发生一定的物理化学变化，并使其内部的结构改变，转变成熟坯的过程。蒸炒过程所产生的变化不仅有利于油脂从油料中较容易地分离出来，而且有利于毛油质量的提高。所以，蒸炒效果的好坏对整个制油生产过程的顺利进行、出油率的高低以及油品、饼粕的质量都有直接影响。蒸炒方法一般采用湿润蒸炒，它基本上可分为润湿、蒸坯和炒坯3个过程，其设备有层式蒸炒锅等。

②挤压膨化制坯。油料挤压膨化技术是一种适合多种油料的成型制坯工艺，它是利用挤压膨化设备将生坯制成膨化状颗粒物料的过程。挤压膨化的原理是物料在膨化机内被螺旋轴向前推进，同时由于强烈的挤压作用，物料的密度不断增大；由于物料与螺旋轴及机膛内壁的摩擦发热和直接蒸汽的加入，使物料受到充分混合、加热、加压、胶合、糊化的作用而产生组织结构的变化。物料到达出料端时，压力突然由高压转变为常压，水分迅速汽化，物料即形成具有无数个微小孔道的多孔物质。刚从挤压膨化机出来的料粒显得松软易碎，但在稍冷却后即变得有足够硬度，在输送过程中不易破碎。膨化过程中的湿热作用钝化了酶类物质，浸出的毛油中非水化磷脂减少，提高了毛油质量；同时粕的质量和油脚中磷脂的含量提高。

（6）酶法预处理。油料中的油脂通常以脂蛋白、脂多糖等脂类复合体的形式存在，采用能降解植物细胞壁或油脂复合体的酶制剂处理油料，可在机械作用的基础上进一步破坏细胞壁，使油脂的释放更为完全。该工艺适合于含油量高的油料，不仅有利于提取油脂，而且由于作用条件温和，可有效保护油脂、蛋白质以及胶质等可利用成分。酶法预处理可分为高水分酶法预处理和低水分酶法预处理两种方法，其中，采用高水分酶法预处理所得的料浆，可用离心法分离油、粕，简化工艺，提高设备处理能力；将低水分酶法预处理与传统直接浸出工艺相结合，有利于高油分油料制油。酶法预处理所使用的酶有纤维素酶、半纤维素酶、果胶酶、蛋白酶、淀粉酶等。

3. 提取

（1）压榨法制油。利用机械外力的挤压作用，将榨料中油脂提取出来的方法称为机械压榨制油法。油料在外压作用下，体积缩小、密度加大，原料内外表面的空隙随压力加大而缩小，直至其表面的游离油也受到压力，呈液态油脂后从高压处向低压处流动，形成压榨排油。但压榨制油不能将油料细胞内组织结构油制取出来，而且压榨法动力消耗大、出油率低，且油饼中蛋白质发生变性而使其后续应用受到限制。但压榨法制油工艺简单灵活，适应性强，广泛应用于小批量、多品种或特殊油料的加工，也可作为浸出工艺的预榨油过程。压榨法适用于中高含油油料，主要压榨方法有一次压榨法、二次压榨法、预榨法和冷榨法。压榨法制备玉米胚芽油的工艺流程见图4-2。

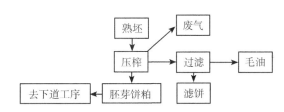

图4-2　压榨法制备玉米胚芽油的工艺流程图

（2）浸出法制油。油料的浸出可视为固-液萃取，它是利用溶剂对油料中不同物质具有不同溶解度的性质，将物料中有关成分加以分离的过程。选择理想的溶剂，可以提高浸出效果，改善油和粕质量，降低成本及能耗，也确保安全。目前，工业上普遍采用的是己烷类溶剂，即轻汽油（6号溶剂），我国又称植物油抽提溶剂。己烷类溶剂能与绝大多数油脂在常温下以任何比例相溶，毒性低，对设备的腐蚀性低；缺点是仍易燃易爆，须注意生产安全。浸出法制油的优点是出油率可高达99%，干粕残油率低至0.5%～1.5%，同时能制得低变性的粕，能实现连续化、自动化生产，劳动强度低，生产效率高，相对动力消耗低。浸出法制油的缺点是萃取得到的油成分复杂,毛油质量较差;采用的溶剂易燃易爆,有一定毒性,对安全性要求较高。

浸出过程,混合油进行蒸发、汽提,使溶剂气化变成蒸气,从而与油分离,获得浸出毛油;溶剂蒸气则经过冷凝、冷却回收后继续使用;湿粕经脱溶烘干处理后即得干粕,脱溶烘干过程中挥发出的溶剂蒸气仍经冷凝、冷却回收使用。油脂浸出的工艺过程见图4-3。

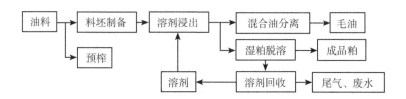

图4-3 油脂浸出的工艺流程图

4. 精炼

油脂精炼是指对毛油(又称原油)进行精制的过程。毛油是指经浸出、压榨或水剂法工序从油料中提取的、未经精炼的植物油脂。毛油不能直接用于人类食用,只能作为成品油的原料。毛油的主要成分是甘油三酯的混合物,或称中性油。毛油中还含有除中性油外的物质,统称杂质,按照其原始分散状态,大致可分为机械杂质、脂溶性杂质和水溶性杂质三大类,如表4-12所示。毛油杂质可根据其特点,利用机械、化学和物理化学3种方法脱除,如表4-13所示。

表4-12 毛油的组成

组成		成分
主要成分		甘油三酯混合物(中性油)
杂质	机械杂质	泥沙、料坯粉末、纤维、草屑、金属
	水溶性杂质	水分、蛋白质、糖类、树脂类、黏液
	脂溶性杂质	游离脂肪酸、甾醇、维生素、脂溶性色素、烃类、蜡及磷脂、多环芳烃、呈味物质

表4-13　油脂精炼的方法

类别	方法
机械法	沉淀、过滤、离心分离
化学法	酸炼、酯化、氧化还原（脱色）
物理化学法	水化、中和（脱酸）、吸附（脱色）、冷冻（脱蜡、硬脂）、蒸馏（脱臭）、液液萃取、混合油精炼

（1）机械杂质的去除。毛油中的机械杂质包括饼粉、壳屑、沙土等固体物，可以采取沉淀、过滤或离心分离等方法加以去除。生产中应尽可能去除毛油中的机械杂质，特别是粕末，这对于后续脱磷脂工序以及磷脂的品质是非常重要的。毛油去除机械杂质的操作，也可与油料压榨或浸出时粗毛油的过滤沉降预处理工序合并进行，并予以强化，一步完成。

（2）脱胶。

①水化脱胶。脱胶常采用水化法，即用一定数量的热水或稀碱、盐及其他电解质溶液，加入毛油中，使水溶性杂质凝聚沉淀而与油脂分离。水溶性杂质以磷脂为主，沉淀出来的胶质称油脚。水化法操作简单，但只能除去水化磷脂，一般的水化和碱炼过程能去除80%~90%的磷脂，还含有10%左右的非亲水性磷脂，需采取另外方法脱除。在毛油中加入一定量的无机酸或有机酸，可使非水化磷脂转化为水化磷脂而亲水，达到容易沉淀和分离的目的。

②酸炼脱胶。粗油中加入一定量的无机酸，使胶溶性杂质变性分离的脱胶方法称为酸炼脱胶。一般采用硫酸和磷酸进行脱胶，由于硫酸对磷脂、蛋白质及黏液质等能产生强烈的作用，因此主要用于工业用油的加工，常常被用来精炼含有大量蛋白质、黏液质的粗油。与普通水化法相比，磷酸脱胶具有油耗少、油色浅、能与金属离子螯合并解离非水化磷脂的优点，脱磷效果可达到30mg/kg。

（3）脱酸。脱酸是整个精炼过程中最关键的阶段，游离脂肪酸的存在会导致油脂酸值提高，对成品油的最终质量影响很大。碱炼法是用碱中和游离脂肪酸，生成脂肪酸盐和水，并与中性油分离，碱炼同时可除去部分其他杂质。国内应用最广泛的是烧碱，烧碱可将游离脂肪酸降至0.01%~0.03%，形成的沉淀称皂脚。碱炼脱酸过程主要调节碱液浓度、温度、时间等参数，碱液的浓度根据油的酸值、色泽、杂质和加工方式等，通过计算和经验来确定。其中粗油的酸值是决定碱液浓度的最主要的依据，粗油酸值高的应选用浓碱，酸值低的选用淡碱，一般为 $10\sim30°Be$；碱炼时的操作温度与粗油品质、碱炼工艺及用碱浓度等往往是相互关联的，碱炼时间根据中性油皂化损失和综合脱杂效果的平衡而确定。当其他操作条件相同时，油、碱接触时间越长，中性油被皂化的概率越大，因此适当延长碱炼时间，有利于其他杂质的脱除，提高综合脱杂效果。碱炼后常用水洗涤油相，以除去残留于油中的皂脚、微量碱和其他水溶性物质，皂脚需作酸化处理，以回收脂肪酸。

（4）吸附脱色。植物油中的色素成分复杂，主要包括叶绿素、胡萝卜素、黄酮色素、花色素，以及某些无色物质如糖类、蛋白质、生育酚的分解产物和氧化产物等。吸附法脱色是将某些对色素具有强选择性吸附能力的物质加入待脱色油中，在一定条件下进行吸附，除去油中的色素及其他杂质。油脂脱色的目的，并非理论性地脱尽所有色素，而在于获得油脂色泽的改善和为油脂脱臭提供合格的原料油品。因此，工艺条件的选择和色度指标的确定，需根据原料和油脂产品的质量要求，以力求在最低的损耗和破坏的前提下，获得油色在最大限度上的改善。从这个角度看，提高待脱色油质量，合理选择吸附剂，在脱色过程中进行减压操作以避免高温下氧气的介入，以及良好的混合使吸附剂与色素充分而均匀接触，并尽量缩短达到吸附平衡时间等，都是在工艺条件选择中所期望的。另外，油脂精炼的其他工序如脱胶、碱炼、脱臭等都伴随着油脂色泽降低，由此相对可以减少脱色工段脱去大量色素的必要性。

（5）脱臭。纯粹的甘油三酯无色、无味，但各种天然油脂都具有自己特殊的风味，通常将油脂中所带的各种气味统称为臭味，除去油脂中臭味的工艺过程就称为油脂的脱臭。引起油脂臭味的主要组分有低分子的醛、酮、烃、低分子游离脂肪酸、甘油酯的氧化物等，这些气味有些是天然的，有些是在制油和加工中新产生的，如肥皂味、焦煳味、残留溶剂味、白土味等。油脂中除了游离脂肪酸外，其余的臭味组分含量很少，仅0.1%左右；但有些在几个 10^{-9} 级别即可被觉察，影响油脂的风味质量。脱臭是一个传质过程，汽化主要发生在液体自由表面上，脱臭操作的主要设备是脱臭塔（罐），良好的脱臭塔结构是提高脱臭效率的基础，它应具有非常好的密封性能，并配合有效的高真空装置，由于低压蒸汽体积庞大，蒸汽管道的直径常需放大到 $200\sim400mm$，因此，脱臭塔（罐）往往是十分庞大的。

（6）脱溶。脱除浸出油中残留溶剂的操作即为脱溶。对于浸出毛油而言，由于我国 6 号溶剂油的沸程宽（60～90℃），其组成又比较复杂，虽经二次蒸发和汽提回收，但残留在油中的高沸点组分仍难除尽，致使浸出毛油中残留溶剂量较高，需要脱溶。脱溶后，即使要求最低的普通食用油，油中溶剂的残留量应不超过 50mg/L。目前，采用最多的是蒸汽蒸馏脱溶法，其原理和工艺设备与脱臭是相同的，唯其工艺条件不及脱臭苛刻，这是因为溶剂和油脂的挥发性差别极大，溶剂较其他臭味物质更容易除去，蒸汽蒸馏可使溶剂从几乎不挥发的油脂中除去。脱溶也需在较高温度（大于 140℃）下进行，同时配有较高的真空（8kPa）条件，真空的目的是提高溶剂的挥发性，保护油脂在高温下不被氧化，并降低蒸汽的耗用量。

（7）冬化。冬化是将液体油脂冷却、结晶，然后进行晶液分离，从而从液体油中去除高熔点的蜡酯或固体脂的工艺过程。冬化的目的是达到油脂在冷藏时不产生混浊的效果。冬化是一种特殊的油脂分提工艺，由于脱去的蜡和硬脂量一般≤10%，因此通常将冬化看成是油脂精炼的一部分。冬化的方法有多种，经典的有常规法、溶剂法、表面活性剂法。冬化工艺必须在低温条件下进行，一般仅脱蜡，要求温度在 25℃ 以下，才能取得好的脱蜡效果，也不能太低，以免硬脂析出，影响蜡的品质。而脱硬脂的温度，对于多数油脂品种可达 5℃ 以下。

三、粮油副产物油脂的相关标准

（一）植物油相关的国家强制推行标准

1. 植物油料

植物油料相关的国家标准《GB 19641—2015 食品安全国家标准　食用植物油料》中从感官要求、有毒、有害菌类及植物种子限量、污染物限量和真菌毒素限量、农药残留限量 4 个方面做出了明确的规定，具体见表4-14 和表4-15。

表 4-14　《GB 19641—2015 食品安全国家标准　食用植物油料》中植物油料的感官要求

项目	指标
色泽、气味	具有正常油料的色泽、气味
大豆霉变粒/%	≤1
其他霉变粒/%	≤2

表 4-15　《GB 19641—2015 食品安全国家标准　食用植物油料》中植物油料的有毒、有害菌类及植物种子限量要求

项目	油料名称	指标
曼陀罗属及其他有毒植物的种子*/（粒/kg）	大豆、油菜籽	≤1
麦角/%	油菜籽	≤0.05
	其他	不得检出

注：* 猪屎豆属、麦仙翁、蓖麻籽和其他公认的对健康有害的种子。

2. 植物油

国家标准《GB 2716—2018 食品安全国家标准　植物油》适用于植物原油、食用植物油、食用植物调和油和食品煎炸过程中的各种食用植物油，但不适用于食用油脂制品。该标准从感官要求、理化指标、污染物限量和真菌毒素限量、农药残留限量、食品添加剂和食品营养强化剂等方面对植物油做出了明确的规定，具体见表 4-16 和表 4-17。

表 4-16　《GB 2716—2018 食品安全国家标准　植物油》标准中的感官要求

项目	要求
色泽	具有产品应有的色泽
滋味、气味	具有产品应有的气味和滋味，无焦臭、酸败及其他异味
状态	具有产品应有的状态，无正常视力可见的外来异物

表 4-17 《GB 2716—2018 食品安全国家标准 植物油》标准中的理化指标

项目	植物油名称	指标		
		植物原油	食用植物油（包括调和油）	煎炸过程中的食用植物油
酸价（KOH）/（mg/g）	米糠油	25	3	5
	棕榈（仁）油、玉米油、橄榄油、棉籽油、椰子油	10	3	5
	其他	4	3	5
游离棉酚/（mg/kg）	棉籽油	—	200	200
过氧化值/（g/100 g）		0.25	0.25	—
极性组分/%		—	—	27
溶剂残留量 */（mg/kg）		—	20	—

注：* 压榨油溶剂残留量不得检出（检出值小于 10 mg/kg 时，视为未检出）。

（二）小麦胚芽油相关标准

目前小麦胚芽油相关的标准共有 3 个，分别为：中国粮食行业标准《LS/T 3251—2017 小麦胚油》《LS/T 3210—1993 小麦胚（胚片、胚粉）》和安徽省地方标准《DB34/T 3759—2020 小麦胚芽生产加工技术规程》。其中，标准《LS/T 3210—1993 小麦胚（胚片、胚粉）》从质量标准、卫生指标要求两个方面做出了明确的规定，表 4-18 为小麦胚（胚片、胚粉）的质量标准的具体要求；标准《LS/T 3251—2017 小麦胚油》从基本组成和主要物理参数、质量指标、食品安全要求 3 个方面做出了明确的规定，表 4-19、表 4-20 分别为小麦胚油的基本组成和主要物理参数、质量指标的具体要求。

表 4-18 《LS/T 3210—1993 小麦胚（胚片、胚粉）》标准中的质量标准

等级	灰分/%（以干基计）	产品分类	粗细	粗蛋白质/%	水分/%	含沙量/%	磁性金属物/（g/kg）	脂肪碳值（以湿基计）	气味口味
一等	≤4.6	片状	片状	≥28	≤4	≤0.02	≤0.003	≤140	正常
		粗粒	全部通过 JQ20 号筛，留存在 JQ23 号筛的不超过 10%						
		粉状	全部通过 CB36 号筛，留存在 CB42 号筛的不超过 10%						

（续表）

等级	灰分/%（以干基计）	产品分类	粗细		粗蛋白质/%	水分/%	含沙量/%	磁性金属物/（g/kg）	脂肪碳值（以湿基计）	气味口味
二等	≤5.2	片状	片状		≥25	≤4	≤0.02	≤0.003	≤140	正常
		粗粒	全部通过 JQ20 号筛，留存在 JQ23 号筛的不超过10%							
		粉状	全部通过 CB30 号筛，留存在 CB36 号筛的不超过10%							
三等	≤5.8	片状	片状		≥22	≤4	≤0.02	≤0.003	≤140	正常
		粗粒	全部通过 JQ20 号筛，留存在 JQ23 号筛的不超过10%							
		粉状	全部通过 CB20 号筛，留存在 CB30 号筛的不超过20%							

表 4-19　《LS/T 3251—2017 小麦胚油》标准中小麦胚油的基本组成和主要物理参数

项目		特征指标
折光指数（n^{40}）		1.473~1.488
相对密度（d_{20}^{20}）		0.915~0.934
碘值（以 I 计）/（g/100 g）		118~141
脂肪酸组成/%	亚麻酸（C18：3）	1.20~8.50
	亚油酸（C18：2）	50.0~69.0
	油酸（C18：1）	13.0~27.5
	棕榈酸（C16：0）	12.0~18.6
	硬脂酸（C18：0）	0.1~1.7

表4-20　《LS/T 3251—2017 小麦胚油》标准中小麦胚油的质量指标

项目	质量指标	
	精炼	压榨
色泽	浅黄色到金黄色	棕黄色到棕色
气味、滋味	具有小麦胚油固有的气味和滋味，无异味	具有小麦胚油固有的气味和滋味，无异味
透明度（20℃）	澄清、透明	澄清、透明
水分及挥发物含量/%	≤0.1	≤0.15
不溶性杂质含量/%	≤0.05	≤0.05
酸价（以KOH计）/（mg/g）	≤2	≤3
过氧化值/（g/100g）	≤0.15	≤0.2

（三）米糠油相关标准

目前小麦胚芽油相关的标准共有 7 个，分别为：国家标准《GB 19112—2003 米糠油》、中国粮食行业标准《LS/T 3269—2020 油用米糠》、中国粮食行业标准《LS/T 3320—2020 米糠粕》、浙江制造团体标准《T/ZZB 0674—2018 米糠油》、黑龙江省粮食行业协会团体标准《T/HLHX 020—2022 黑龙江好粮油 米糠油》、湖北省团体标准《T/HBLJ 0005—2018 荆楚大地 优质米糠油》、安徽省地方标准《DB34/T 2907.4—2017 稻谷资源综合利用技术规范 第 4 部分：米糠油加工》。其中，中国粮食行业标准《LS/T 3269—2020 油用米糠》从原料要求、质量指标、食用安全 3 个方面做出了明确的规定，表4-21 为油用米糠的质量指标的具体要求；国家标准《GB 19112—2003 米糠油》从质量指标、质量等级指标、卫生指标 3 个方面做出了明确的规定，表4-22、表4-23 和表4-24 分别为米糠油的特征指标、米糠原油的质量指标和压榨成品米糠油、浸出成品米糠油的质量指标的具体要求。

表 4-21　《LS/T 3269—2020 油用米糠》标准中油用米糠的质量指标

等级	粗脂肪含量（干基）/%	酸价（KOH）/（mg/g）	水分/%	杂质/%	色泽、气味
1	≥18	≤20		≤2	淡黄色、黄白色、黄灰色，具有鳞片状不规则结构，可含有少量米胚和稻米成分及稻壳，无酸败、霉变及其他异味
2	≥16	≤30	一般地区≤13.5	≤2	
3	≥14	≤40	东北地区≤14.5	≤2	
等外级	<14	>40		≤2	

表 4-22　《GB 19112—2003 米糠油》标准中米糠油的特征指标

项目		特征指标
折光指数/（n^{40}）		1.464~1.468
相对密度/（d_{20}^{20}）		0.914~0.925
碘值（以 I 计）/（g/100 g）		92~115
皂化值（KOH）/（mg/g）		179~195
不皂化物/（g/kg）		≤45
主要脂肪酸组成/%	豆蔻酸（C14:0）	0.4~1.0
	硬脂酸（C18:0）	1.0~3.0
	棕榈酸（C16:0）	12~18
	油酸（C18:1）	40~50
	亚油酸（C18:2）	29~42
	亚麻酸（C18:3）	<1.0
	花生酸（C20:0）	<1.0

表 4-23　《GB 19112—2003 米糠油》标准中米糠原油的质量指标

项目	质量指标
气味、滋味	具有米糠原油留有的气味和滋味，无异味
水分及挥发物含量/%	≤0.2
不溶性杂质/%	≤0.2

（续表）

项目	质量指标
酸值（KOH）/（mg/g）	≤4
过氧化值/（mmol/kg）	≤7.5
溶剂残留量/（mg/kg）	≤100

表 4-24　《GB 19112—2003 米糠油》标准中压榨成品米糠油、
浸出成品米糠油的质量指标

项目		质量指标			
		一级	二级	三级	四级
色泽	罗维朋比色槽 25.4mm	—	—	≤黄 35 红 3	≤黄 35 红 6
	罗维朋比色槽 133.4mm	≤黄 35 红 3.5	≤黄 35 红 5	—	—
气味、滋味		无气味、口感好		具有米糠原油留有的气味和滋味，无异味	
水分及挥发物含量/%		≤0.05		≤0.1	≤0.2
不溶性杂质/%		≤0.05			
酸值（KOH）/（mg/g）		≤0.2	≤0.3	≤1	≤3
过氧化值/（mmol/kg）		≤5		≤7.5	
加热试验（280℃）		—	—	无析出物，罗维朋比色：黄色值不变，红色值增加小于 0.4	微量析出物，罗维朋比色：黄色值不变，红色值增加小于 4，蓝色值增加小于 0.5
含皂量/%		≤0.03			
烟点/℃		≥215	≥205	—	—
冷冻试验（0℃储藏 5.5h）		澄清、透明	—		
溶剂残留量/（mg/kg）	浸出油	不得检出	不得检出	≤50	
	压榨油	不得检出	不得检出	不得检出	不得检出

（四）玉米胚芽油相关标准

目前玉米胚芽油相关的标准共有 5 个，分别为：国家标准《GB/T 35870—2018 玉米胚》、国家标准《GB/T 19111—2017 玉米油》、中国农业行业标准《NY/T 1272—2007 玉米油》、黑龙江省地方标准《DB23/T 397—2001 精炼玉米胚芽油》和中国粮食行业标准《LS/T 3309—2017 玉米胚芽粕》。其中，国家标准《GB/T 35870—2018 玉米胚》从质量指标、食品安全要求两个方面做出了明确的规定，表4-25为玉米胚的质量指标的具体要求；国家标准《GB/T 19111—2017 玉米油》从基本组成和主要物理参数、质量要求、食品安全要求3个方面做出了明确的规定，表4-26、表4-27和表4-28分别为玉米油的基本组成和主要物理参数、玉米原油质量指标和成品玉米油质量指标的具体要求。

表4-25　《GB/T 35870—2018 玉米胚》标准中玉米胚的质量指标要求

等级	粗脂肪含量（干基）/%	水分含量/%	玉米皮屑含量/%	杂质含量/%	感官品质
1	≥40	≤9	≤25	≤2	松散的片状、细颗粒状，无结块；具有玉米胚固有的浅黄色、黄色或浅黄褐色、浅黄棕色；具有玉米胚固有的气味，无发酵霉味及异味。可见少量的玉米皮及玉米胚乳
2	≥35	≤9	≤25	≤2	
3	≥30	≤9	≤30	≤2	
等外级	<30	≤9	≤30	≤2	

表4-26　《GB/T 19111—2017 玉米油》标准中玉米油的基本组成和主要物理参数

项目	指标	项目	指标
相对密度（d_{20}^{20}）	0.917~0.925		
脂肪酸组成/%　十四碳以下脂肪酸	≤0.3	硬脂酸（C18:0）	≤3.3
豆蔻酸（C14:0）	≤0.3	油酸（C18:1）	20.0~42.2
棕榈酸（C16:0）	8.6~16.5	亚油酸（C18:2）	34.0~65.6
棕榈一烯酸（C16:1）	≤0.5	亚麻酸（C18:3）	≤2.0
十七烷酸（C17:0）	≤0.1	花生酸（C20:0）	0.3~1.0
十七碳一烯酸（C17:1）	≤0.1	花生一烯酸（C20:1）	0.2~0.6
山嵛酸（C22:0）	≤0.5	花生二烯酸（C20:2）	≤0.1
芥酸（C22:1）	≤0.3	木焦油酸（C24:0）	≤0.5

表4-27　《GB/T 19111—2017 玉米油》标准中玉米原油的质量指标

项目	质量指标
气味、滋味	具有玉米原油固有的气味和滋味，无异味

（续表）

项目	质量指标
水分及挥发物含量/%	≤0.2
不溶性杂质/%	≤0.2
酸价（以 KOH 计）/（mg/g）	按照 GB2716 执行

表 4-28　《GB/T 19111—2017 玉米油》标准中成品玉米油的质量指标

项目	质量指标		
	一级	二级	三级
色泽	淡黄色至黄色	淡黄色至橙黄色	淡黄色至棕红色
透明度（20℃）	澄清、透明	澄清	允许微浊
气味、滋味	无气味、口感好	无气味、口感良好	具有玉米油固有气味和滋味，无异味
水分及挥发物含量/%	≤0.1	≤0.15	≤0.2
不溶性杂质/%	≤0.05	≤0.05	≤0.05
酸价（以 KOH 计）/（mg/g）	≤0.5	≤2.0	按照 GB2716 执行
含皂量/%	—	≤0.02	≤0.03
烟点/℃	≥190	—	—

第三节　粮油副产物中油脂资源生产的关键技术装备

一、粉碎机械与设备

（一）辊式破碎机

油料预处理中破碎的目的是改变油料的粒度大小，以利于轧坯工艺。

植物油厂常用的破碎设备有辊式破碎机、齿辊破碎机和锤式破碎机等。以辊式破碎机为例,它是由喂料系统、磁铁清理系统、辊间压力调整系统、调整齿辊间隙系统组成。破碎机的两对辊由电动机分别驱动,齿形按"锋对锋"配置,每对辊一快一慢运转,速度比为1:1.35,工作时两对相向转动的齿辊对原料有剪切作用,可将落入辊间的原料破碎。因此,辊式破碎机是凭借一对拉丝辊的速差所产生的剪切和挤压作用,致使油料破碎。

二、混合与反应机械与设备

(一) 浸出设备

浸出设备用于油料的溶剂浸提,可以分为平转浸出器和环形浸出器两种。

1. 平转浸出器

平转浸出器在运转过程中,新鲜溶剂由溶剂泵进入喷管喷淋到料坯层,溶剂渗透后滴入浸出器接油斗,再用泵抽出进入喷管后再喷淋另一料层,渗透后滴到另一油斗,再经另一泵抽出后再喷淋,如此反复进行。浓混合油段含粕粉较多,经过料层进行自滤后,再通过与水平面呈30°角的帐篷过滤器筛网过滤后收集到混合油斗中。浓混合油经盐水罐分离粕末再送往混合油蒸发系统。

2. 环形浸出器

环形浸出器主要由进料斗、壳体、拖链、喷淋装置、出粕口和传动系统等部分组成。机器启动前,首先用泵打进新鲜溶剂进行喷淋,待上下两个喷淋段的收集斗内的溶剂可供循环用量时,开启各循环泵,并调节好喷管流量,这时开始进料,同时启动浸出器运转装置,并开动混合油泵,进行连续浸出。待物料移动到水平段一半时,开启旋液分离器排出阀门,调节好回流比,以稳定混合油液体。结束时,先要将料粕卸完,再关闭浸出器和溶剂泵,将混合油从收集斗逐个抽至旋液分离器送出,然后停止循环泵和混合油泵。为了安全起见,最后开动进料绞龙,使进料斗内装满物料,保持料封。

(二) 辊轧坯机

辊轧坯机适用于油料的预处理、轧坯工艺。油料的轧坯是利用机械的作用，将油料由粒状压成薄片的过程。其目的是为了破坏油料的细胞组织，为蒸炒创造有利的条件，以便在压榨或浸出时，使油脂能顺利地分离出来。该设备是由轧辊、支架、刮刀、轴承、进料斗、调节弹簧和除尘罩等部分组成。单对辊轧坯机的 2 个轧辊相对旋转，由于旋转的方向相反，所以在一般油厂中它往往由总轴带动。单对辊轧坯机由于辊径较大，适用于颗粒较大或经不起数次碾轧的油料。

(三) 蒸炒锅

蒸炒锅主要用于油料的预处理中的制坯工艺。油厂中习惯将装在榨油机上的蒸炒锅称为"辅助蒸炒锅"，其结构主要由蒸汽夹套、湿润装置、搅拌装置、落料孔、自动摇摆料门、传动装置及排汽管等组成。对油料坯蒸炒的要求随蒸炒方法的不同而异，由于所采用榨油机种类和其他辅助设备的不同，料坯的蒸炒方法也不同。凡具备蒸汽锅炉和立式蒸炒锅等设备的工厂，宜选择湿润蒸炒方法，其他工厂可以采用"加热-蒸坯"方法。

1. 湿润蒸炒

湿润蒸炒工艺操作分为 3 步，湿润、蒸坯和炒坯。

(1) 根据湿润的方式不同，又可分为直接加水法、单纯喷蒸汽法和混合操作法，实际操作中，根据料坯的含水量等情况和拥有设备的具体条件来决定。

(2) 生坯湿润之后，在较密闭的条件下继续加热的过程称为"蒸坯"，其主要目的是让料坯表面吸收的水分渗透到内部，使蛋白质等物质发生较大变性。

(3) 炒坯是指料坯经蒸坯后干燥去水的过程，此时在锅层中料坯上面的空间应尽量排汽，使料坯中的水分在加热过程中很快蒸发。从辅助蒸炒锅的最底层或第三层开始至榨油机的炒锅都属于炒坯过程。

2. 加热-蒸坯

加热-蒸坯是目前油厂采用较多的一种蒸炒方法，该方法可使蛋白质变性凝集、油脂黏度降低和调整熟坯性能，以适应制油的要求。加热-蒸坯可以分为加热和蒸坯两个过程。

（1）加热是让生坯在一定的湿度条件下进行升温和去水的过程，其作用是让料坯的部分蛋白质凝固变性，也可使料坯的水分和温度得到适当的调节，并为蒸坯时进一步调整熟坯性能创造良好的条件。

（2）蒸坯是指经湿润后的生坯在一定的水分条件下长时间进行加热的过程。这里所指的蒸坯是指在生坯加热之后的半熟坯，在很短的时间里喷以直接蒸汽而成为入榨热坯的过程。蒸坯的目的是使熟坯达到与榨油压力相适应、最适宜于油脂分离的条件，并最大限度地提高出油率。因此应根据料坯的含油情况，很好地调整入榨熟坯的水分和温度。

三、分离机械与设备

（一）榨油机

榨油机适用于油料的压榨法制油工艺，常见的榨油机有液压榨油机和螺旋榨油机两种。

1. 液压榨油机

液压式榨油机的工作原理是以巴斯噶氏的水力学原理为依据，即在密闭系统中，凡加于液体的压力都能够以不变的压强传递到该系统的任何部分，如图4-4所示。作用在手柄上的压强 p_1 很小，而在榨油机活塞上却能产生很大的压强 p_2，以便把油料中油脂榨出来。

2. 螺旋榨油机

螺旋榨油机是利用螺旋轴在榨笼中连续旋转，进而对料坯进行压榨制油的机械，主要由机架、中体、传动和调节部分组成。螺旋榨油机工作时，油料从料斗漏下，借助榨螺的旋转被推入榨膛，因为榨螺的根径由小逐渐加大，使得榨膛内的容积逐渐变小，油料在榨膛中所受的压力便逐渐增加，在挤压和摩擦双重作用下，油从油料中被挤出来，然后通过榨条之间的缝隙从出油口流入接油盘，油饼从出饼圈被挤出，油渣从出渣口排出。

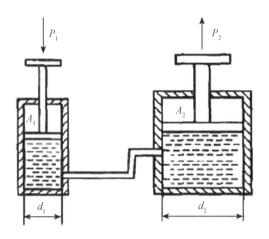

图4-4　液压式榨油机的工作原理示意图

(二) 高料层蒸烘机

高料层蒸烘机适用于油料的浸出后饼粕的脱溶烘干,它是由上、下层蒸烘缸、搅拌器、落料控制机构、传动装置等部分组成。上层蒸烘缸是采用钢板卷制焊接而成的圆筒体,底部具有蒸汽夹套,蒸烘缸的底盘上开有若干个孔径为2mm的小孔,通过小孔喷入压力为0.05~0.1MPa的直接蒸汽,以加热及蒸脱湿粕中的溶剂。下层蒸烘缸的结构与上层蒸烘缸相同,只是高度较低,一般为0.7m,底部也具有蒸汽夹套,通入压力为0.5MPa的间接蒸汽以加热烘干湿粕。上、下层蒸烘缸的正中有一根垂直轴,该轴的转速为15~16r/min,在搅拌轴上各层缸体内装有不同数量及不同形式的搅刀,用来搅松料层,防止直接蒸汽短路,以提高脱溶效果,并使上层蒸烘缸至下层蒸烘缸的落料均匀;下层蒸烘缸的底部有一把双臂搅刀,以使出粕均匀。

(三) 悬液分离器

悬液分离器适用于油料浸出后的油渣分离,油厂现多已采用悬液分离器来分离混合油中的粕末,使用效果尚好。悬液分离器是利用混合油各组分的密度不同,采用离心旋转产生离心力大小的差别,使粕末下沉而液体上升,达到清洁混合油的目的，此方法也称为"离心沉降"。悬液分离器主要由圆筒部分和锥形筒底组成，其工作原理为：混合油经入口管切向进入圆筒部分，形成螺旋状向下旋流，粕末等固体粒子受离心力作用移向器壁，并随旋流下降到锥形筒底部的出口，由底部出口排出的含粕末等固体粒子较多的浓稠混合油重新落入浸出器内，称为"底流"。清洁的或含有较细、较轻微粒的混合油则形成螺旋上升的内层旋流，由上部中心溢流管溢出，称为"溢流"，最后由出口管流至混合油贮罐。

四、精制机械与设备

（一）水化脱胶设备

水化脱胶设备适用于油料浸出后，毛油精制中的水化脱胶工艺，该设备根据操作工艺可分为间歇式和连续式。间歇式水化设备主要是水化罐（锅）；连续式水化设备主要有连续水化器、连续沉降器、干燥器等。

1. 水化罐（锅）

水化罐是间歇式水化脱胶的主要设备，它与水化结束后用于沉降分离水化油脚的沉降罐结构相似，主要由罐体、搅拌装置、加热盘管、传动装置、进油管、油脚出口管等组成。一般水化罐（锅）的工作容量有 3t、5t、10t，大多数油脂厂采用 3t、5t 的水化罐。

在脱胶工段考虑生产过程的连续性，一般配备两只水化罐交换使用，以保证水化沉淀有足够的时间。在水化操作时原油从进油管输入罐内，由搅拌轴上的桨叶式搅拌器和罐底（锥形底）上特殊形状的搅拌翅不断搅拌；加热蒸汽盘管安装在罐壁内边缘，加热管可以通蒸汽升温，也可通自来水对油脂进行冷却，通蒸汽时，蒸汽管上进下出，而通冷却水时自来水下进上出，以使热交换更加充分；水化罐盖下部装置一圈加水管，用来加注水化用水或其他溶液；水化罐底装有排放油脚的出口阀，水化结束后的油从排液口排出。有些水化罐加热盘管改用栅形加热装置，以防止沉淀的磷脂积存在管面上，从而降低油中的磷脂。

2. 连续水化器

连续水化器的结构比较简单，常见的种类有喷射水化器和连续水化器。

以喷射水化器为例，该设备的主要工作部件是油、水、汽混合喷射系统。蒸汽由管道进入压缩管，随着压缩管孔径的缩小，速度逐渐加快，到喷射嘴处高速喷出。喷射的高速气流突然扩张，在喷嘴外侧形成负压，油和水在外层管进入混合室，在高速蒸汽的带动下，三元混合物又一次被压缩管压缩，在喷口处高速喷出。由于内外压差很大，喷出的三元混合物呈雾状，油滴和水在混合、压缩、喷射成雾状的悬浮加热过程中，磷脂吸水膨胀，并被加热到合适的温度，液滴被捕集在壁上流下，气体由设备上的封头排气孔排出，水化后的油水混合物由排液口排出，并送进离心机进行分离。

3. 连续沉降器

连续沉降器是利用重力作用连续沉降分离水化油脂悬浮体的设备。主体为一上下带锥盖和锥底的中间圆形的罐体，罐中央设有进料分配器，分配器外套管上通过颈圈相间固定有碟形分离盘，碟盘锥度为35°，每组构成一个分离室，中央分配器下端及罐锥部连有辅助出油管，锥底部设油脚出口管。连续沉降器工作时，水化油脂悬浮液经进油口、分配器进入沉降器；当充满罐后，以稳定流速连续缓慢进入设备的悬浮液，经分配器分送至碟形分离盘组；各分离室中的物料在重力作用下连续分离，水化油脚沿下盘锥面下滑积聚于沉降器底锥部分，间歇地从油脚出口管排出。水化澄清后的净油沿上盘背面折流汇入分配器出油口流出。生产结束后，设备内的澄清油脂则经辅助出油口逐步排出到连续沉降器内存油。

（二）碱炼脱酸设备

碱炼脱酸设备适用于油料浸出后，毛油精制的碱炼脱酸工艺，该设备分为间歇式和连续式两种。间歇式碱炼设备有：中和锅、水洗锅、皂角锅、皂角暂存缸、浓碱液储存池及配碱缸、碱液输送设备、计量罐、废水池等。碟式离心机是连续式碱炼设备中的主要设备。

1. 中和锅

在众多间歇式碱炼设备中，中和锅是间歇式碱炼的主要设备。中和锅是一带有90°锥形底的圆筒体，多数为敞开式，锅体工作容量有 3t、5t、10t、15t、…、40t，高度为直径的 1.5~2.5 倍。目前国内定型的中和锅基本结构相同，其加热和搅拌形式有3种：夹层加热中和锅、圆栅形加热中和锅、盘管加热中和锅。

夹层加热中和锅采用的是耙型搅拌器，优点是搅拌缓和，不会将皂粒打碎，并能使油碱接触均匀，适用于大型中和锅搅拌装置。圆栅形加热中和锅采用的是桨叶式搅拌翅，其形状与锥底相适应，在中和时使锥底油脂和碱液接触均匀。盘管加热中和锅的锅体带有锥形底，装有搅拌轴，在搅拌轴上装有 2~3 对桨叶式搅拌叶，并在锥形底部装有特殊形式的搅拌叶，回转时不与其他装置相碰，小型油脂厂间歇式精炼车间使用这种中和锅较多。

2. 碟式离心机

碟式离心机是连续式碱炼设备中的主要设备，由于碟式离心机转鼓中增加了碟片数，大大减小了固体颗粒的沉降距离，分离效率大大提高，同时又解决了自动排渣问题，因此，碟式离心机在油脂工业中的使用，近 30 年来远远超过了管式离心机，成为应用最广的离心分离设备。

碟式离心机设备主要由机械传动转鼓（离心分离筒）、排渣控制和输油系统等部分组成。机械传动转鼓是碟式离心机分离的核心结构，主要由转鼓本体、活塞、活塞环、盘架环、主密封环、转鼓盖、主锁环、碟片等组成。碟片锥角呈 45°，设有圆形中孔，其上有两长条形、下为圆点的间隔贴片。每台离心机均备有一组不同口径的重力环，供脱皂或脱水时选用；在重力锁环内，重力环控制出皂口大小；改变重力环口径，就可以分离密度及两相比例不同的油-皂或油-水混合物。

(三) 脱臭设备

脱臭设备适用于油料浸出后，毛油精制的脱臭工艺。该设备是将油脂分批进行脱臭作业的设备。脱臭锅类似于蒸馏锅，以板式脱臭塔为例，其结构主要由圆筒形塔体和按一定间距水平装置在塔内的若干塔板组成，操作时(以气液系统为例)，液体在重力作用下，自上而下依次流过各层塔板，至塔底排出；气体在压力差推动下，自下而上依次穿过各层塔板，至塔顶排出。每块塔板上保持着一定深度的液层，气体通过塔板分散到液层中去，进行相际接触传质，从而达到脱除臭味的目的。

思考题

1. 富含油脂的粮油加工副产物有哪些？

2. 如何进行油料的预处理？

3. 简述油料中的杂质类型。

4. 简述油料预处理工艺中软化和轧坯操作的目的。

5. 简述毛油中杂质的类型。

6. 按顺序写出粮油副产物油脂生产工艺中的精炼步骤。

7. 试述水化脱胶的原理，并说出水化脱胶所采用的设备名称。

8. 试述碱炼脱酸的原理，并说出碱炼脱酸所采用的设备名称。

9. 简述油脂精炼脱臭工艺中"臭味"的来源。

第五章　粮油副产物中维生素和生物活性成分的综合利用

第一节　粮油副产物中的维生素和生物活性成分资源

一、概述

（一）维生素

维生素在机体内不是构成各种组织的主要原料，也不是体内的能源物质，但它们对物质代谢过程起着非常重要的调节作用。多数维生素作为辅酶或辅基的组成成分参与到体内的各种代谢和生化反应中，参与和促进糖、蛋白质、脂肪的合成与利用。体内维生素过多可能导致某些代谢异常，从而引起身体不适（疾病），产生相应的维生素过多症。

1. 维生素的共同特点

不同维生素，其化学结构和理化性质也各不相同，功能差异也很大，但是它们都具有以下的共同特点。

（1）维生素均以维生素原（维生素前体）的形式存在于食物中。

（2）维生素不是构成机体组织和细胞的组成成分，也不会产生能量，它的作用主要是参与机体代谢的调节。

（3）大多数的维生素，机体不能合成或合成量不足，不能满足机体的需要，必须通过食物获得。

（4）人体对维生素的需要量很小，日常需要量常以毫克（mg）或微克

（μg）计算，一旦缺乏就会引发相应的维生素缺乏症，对人体健康造成损害。

2. 维生素的分类

由于维生素的化学结构复杂，对它们的分类无法采用化学结构分类法，也无法根据其生理作用进行分类。一般根据它们的溶解性特征，将其分为两大类：脂溶性维生素和水溶性维生素。

（1）脂溶性维生素。脂溶性维生素不溶于水，而溶于脂肪或脂类溶剂，在食物中常与脂类共存，它们在肠道吸收时与脂质的吸收密切相关。脂溶性维生素包括维生素 A、维生素 D、维生素 E 和维生素 K。脂溶性维生素在食品加工过程中的稳定性较高。

（2）水溶性维生素。水溶性维生素是能在水中溶解的一类维生素，常是辅酶或辅基的组成部分。这类维生素主要包括硫胺素（维生素 B_1）、核黄素（维生素 B_2）、泛酸（维生素 B_5）、维生素 B_6、维生素 B_{12}、烟酸（维生素 PP）、维生素 C、叶酸和生物素。水溶性维生素在食品加工过程中的稳定性较差，较容易损失。

除此之外，还有维生素类似物，也有人建议称为"其他微量有机营养素"，如胆碱、肉毒碱、吡咯喹啉醌、肌醇、乳清酸和牛磺酸等。

（二）矿物质

食品是一个多成分的复杂体系。组成食品成分的元素有许多，其中碳、氢、氧、氮4种元素主要以有机化合物和水的形式存在，除此4种元素之外，其他的元素成分均称为矿物质或无机盐。所谓矿物质就是指食品中各种无机化合物，大多数相当于食品灰化后剩余的成分，故又称粗灰分，因此，食品中矿物质的含量通常又以灰分的多少来衡量。

矿物质在营养学上的重要意义还在于它的外源性，人体必须从食物中摄入所必需的矿物元素，而食品中矿物质含量的变化主要取决于环境因素。例如，植物可以从土壤中获得矿物质并贮存于根、茎和叶中。食物中的矿物质以无机盐、有机盐等形式存在，有离子状态、可溶性盐和不溶性盐等形式；有些矿物质在食品中往往以螯合物或复合物的形式存在。食品中矿物质的存在形式会影响其生物可利用性。

1. 矿物质的主要功能性质

（1）机体的构成成分。食品中许多矿物质是构成机体必不可少的部分，例如钙、磷、镁、氟和硅等是构成牙齿和骨骼的主要成分；磷和硫存在于肌肉和蛋白质中；铁为血红蛋白的重要组成成分。

（2）维持机体内环境的稳定。作为体内的主要调节物质，矿物质不仅可以调节渗透压，保持渗透压的恒定，而且可以维持体内的酸碱平衡和神经肌肉的兴奋性。

（3）某些特殊功能。某些矿物质在体内作为酶的构成成分或激活剂。在这些酶中，特定的金属与酶蛋白分子牢固地结合，使整个酶系具有一定的活力，例如血红蛋白和细胞色素酶系中的铁，谷胱甘肽过氧化物酶中的硒等。有些矿物质是构成激素或维生素的原料，例如碘是甲状腺素不可缺少的元素，钴是维生素 B_{12} 的组成成分等。

（4）改善食品的品质。许多矿物质是非常重要的食品添加剂，它们对改善食品的品质意义重大。例如，Ca^{2+} 是豆腐的凝固剂，还可保持食品的质构；磷酸盐有利于增加肉制品的持水性和结着性；食盐是典型的风味改良剂等。

2. 矿物质的分类

（1）按其对人体健康的影响分类。食品中的矿物质按其对人体健康的影响可分为必需元素、非必需元素和有毒元素 3 类。必需元素是指这类元素存在于机体的健康组织中，含量比较稳定，对机体自身的稳定具有重要作用。当缺乏或不足时，机体出现各种功能异常现象。例如，缺铁导致贫血，缺硒出现白肌病，缺碘易患甲状腺肿等。当补充这种元素后，机体即可恢复正常或可防止出现异常。但必需元素摄入过多会对人体造成危害，引起中毒。非必需元素又称辅助营养元素，是一些生物效应不明确且无明显毒性的元素。有毒元素是指能显著毒害机体的元素，当人体大量摄入被它们污染的食品后，会阻碍机体的生理功能及正常的代谢，造成人体中毒，常见的重金属元素有汞、铅、镉、砷等。

（2）按在体内含量的多少分类。食品中的矿物质若按在体内含量的多少可分为常量元素和微量元素两类。常量元素是指在人体内含量为 0.01%以上的元素，如钙、镁、钾、钠、磷、氯、硫等，人们对它们的日常需求量≥100mg/d；含量在 0.01%以下的或日需求量小于 100mg/d 的元素，称为微量元素，如碘、氟、铜、锌、锰、溴、铝、硅、镍、钴等。无论是常量元素还是微量元素，在适当的范围内对维持人体正常的代谢与健康都具有十分重要的作用。

（三）天然活性成分

天然产物中的一些活性成分，具有特殊的生理功能，对预防和治疗心脑血管病、肿瘤、糖尿病和其他一些疾病具有一定的功效，主要包括糖类、蛋白质类、脂类、类黄酮、皂苷类、萜类化合物及生物碱等活性成分。这些天然活性成分与人类生活密切相关，具有特定的保健功能，一直是国内外研究的热点之一。

1. 脂类活性成分

（1）多不饱和脂肪酸。血清中胆固醇水平的高低与心血管疾病之间有密切的联系。多不饱和脂肪酸与胆固醇形成的脂熔点较低，易于乳化、输送和代谢，因此不易在动脉血管壁上沉积。大量的研究证实，用富含多不饱和脂肪酸的油脂代替膳食中富含饱和脂肪酸的动物脂肪，可明显降低血清胆固醇水平。

亚油酸、亚麻酸和花生四烯酸是油料作物中常见的多不饱和脂肪酸，也是人体必需脂肪酸，人体自身不能合成，尽管亚麻酸和花生四烯酸可由亚油酸在体内部分转化而得，但转化率很有限，因而仍需从食物中获得。值得注意的是，必需脂肪酸是全顺式多烯酸，反式异构体起不到必需脂肪酸的生理功能。

（2）磷脂和胆碱。磷脂普遍存在于生物体细胞质和细胞膜中，对生物膜的生物活性和机体的正常代谢有重要的调节作用。磷脂主要以与蛋白质相结合的形式，存在于许多动植物性食品（如蛋黄、肝脏、脑、大豆）中。如大豆磷脂是油脂加工后油脚的主产品，主要有卵磷脂、脑磷脂和肌醇磷脂。卵磷脂占大豆磷脂的29%左右，脑磷脂占31%左右，肌醇磷脂占40%左右。胆碱是卵磷脂和鞘磷脂的组成部分，还是神经传递物质乙酰胆碱的前体物质，对细胞的生命活动有重要的调节作用。胆碱对脂肪有亲和力，可促进脂肪以磷脂形式由肝脏输送至血液，因而可预防肝炎、脂肪肝和肝硬化等疾病。

2. 类黄酮活性成分

类黄酮泛指 2 个苯环通过中央三碳链（即 $C_6-C_3-C_6$ 骨架）联结而成的一类化合物，广泛存在于植物界，具有重要的生物活性。类黄酮种类很多，不同之处在于中间三个碳原子的氢化程度、苯取代的位置以及广吡喃酮的开环等的异构变化。类黄酮主要是通过氢键之间的结合对活性作用区域发生效应。不同结构的类黄酮，可能具有不同的生物活性，其主要生理功能有抗氧化、预防高血压和动脉硬化等心血管疾病、抗突变和抗癌作用、植物雌激素作用等。在粮油作物中，常见的类黄酮活性成分为大豆异黄酮，大豆中平均含 0.2%~0.4% 的总异黄酮，主要分布在胚轴中，其中绝大部分大豆异黄酮以葡萄糖苷的形式存在。

3. 皂苷类活性成分

皂苷是苷原为三萜或螺旋固烷的一类特殊的糖苷，因其水溶液振摇后能产生持久性肥皂样泡沫而得名。皂苷在植物界分布广泛，在粮油作物中，以大豆皂苷最为常见。20 世纪 80 年代以来的研究表明，大豆皂苷和大豆异黄酮都是具有潜在开发应用价值的天然生物活性成分。而且，二者在大豆胚轴分布较集中，这使得在提取了大豆中的脂肪和蛋白质后，又可方便地提取胚轴部位的皂苷和异黄酮，大豆中皂苷含量为 0.3%~3%，其中胚轴皂苷含量为 0.6%~6%，远高于子叶中的含量。大豆皂苷具有降低血清胆固醇、抑制脂质过氧化、免疫调节作用等生理功能。

4. 萜类活性成分

萜类化合物是指具有 $(C_5H_8)_n$ 通式以及其含氧饱和度不等的一类衍生物。萜类植物成分的范围很广，种类繁多，通常分为单萜、倍半萜、二萜、三萜、四萜、复萜。其中，四萜类化合物中研究比较详尽而又比较重要的是类胡萝卜素。类胡萝卜素的生理功能正逐渐被人们所认识。除了用于维生素 A 缺乏症和光敏疾病的治疗外，类胡萝卜素在防癌、抗癌、调节机体免疫和预防心血管疾病等方面也起作用，而且是优良的抗氧化剂，能清除人体内的自由基，具有抗衰老的作用。类胡萝卜素广泛分布于生物界，颜色从黄、橙、红以至紫色都有，不溶于水，溶于脂肪溶剂。玉米中的玉米黄素就是属于类胡萝卜素，玉米经湿法加工后，玉米黄素通常富集在副产物玉米麸质中。

二、粮油副产物中的维生素和生物活性成分

(一) 小麦副产物中的维生素和生物活性成分

1. 麦麸

麦麸中维生素、矿物质含量较丰富，维生素主要有烟酸、生育酚、肌醇，矿物质主要有钾、镁、钙、锌、锰、铁，具体组成及含量见表5-1。小麦麸皮中天然活性成分主要为酚类化合物，包含酚酸、类黄酮、木酚素。

表 5-1　麦麸中维生素、矿物质成分

成分	含量/ (mg/100g)	成分	含量/ (mg/100g)	成分	含量/ (mg/100g)
烟酸	1 340	钾	980	锌	17.0
生育酚	3.17	镁	320	锰	16.2
肌醇	0.065	钙	90	铁	12.0

2. 麦胚

麦胚中含有钙、镁、铁、锌、钾、磷、铜、锰等多种矿物质和生育酚，特别是铁和锌的含量较为丰富，具体含量见表5-2。麦胚中脂肪含量约占10%，其中80%是不饱和脂肪酸，亚油酸的含量占60%以上。由麦胚制备的小麦胚芽油中含有多种天然活性成分，主要有1.38%的磷脂（主要是脑磷脂和卵磷脂）、4%的不皂化物（植物甾醇等）。

表 5-2　麦胚中维生素、矿物质成分

成分	生育酚	锌	铁
含量/ (mg/100g)	0.25~0.52	10.8	9.4

（二）稻谷副产物中的维生素和生物活性成分

米糠

米糠含有较多的植酸盐、矿物质和维生素等营养素，米糠中的矿物质以磷含量最多，其主要存在于米糠中的植酸、核酸和一些无机磷中，其中植酸中的磷含量占米糠中总含量的89%。米糠中水溶性维生素 B 族和脂溶性维生素 E 含量较高，但维生素 A 和维生素 C 含量较低，具体含量见表5-3。米糠还含有生育酚、生育三烯酚、脂多糖、谷维素、二十八碳烷醇、α-硫辛酸、角鲨烯、神经酰胺等多种天然抗氧化剂和生理功能卓越的生物活性物质。

表5-3　米糠中维生素及其含量

成分	含量/（mg/100g）	成分	含量/（mg/100g）	成分	含量/（mg/100g）
烟酸	2.36~5.9	维生素 B_1	1.0~2.8	叶酸	0.05~0.15
生育酚	15.0	维生素 B_2	2.3~3.2	生物素	0.02~0.06
泛酸	2.8~7.1	维生素 B_6	1.0~3.2	维生素 A	0.4

（三）玉米副产物中的维生素和生物活性成分

1. 玉米浆

玉米浆是极富营养成分的物质，几乎包括了玉米粒中可溶性的全部营养性成分，其中胆碱、肌醇含量较高，分别可达 350.9 mg/100g、602.6 mg/100g，矿物质中的主要成分为钾、镁、磷，具体含量见表5-4。

表5-4　玉米浆中维生素、矿物质含量

成分	含量/（mg/100g）	成分	含量/（mg/100g）	成分	含量/（mg/100g）
胆碱	350.9	泛酸	1.5	镁	2 000

（续表）

成分	含量/（mg/100g）	成分	含量/（mg/100g）	成分	含量/（mg/100g）
肌醇	602.6	维生素 B_6	0.88	磷	3 300
烟酸	8.4	钾	4 500	铁	11

2. 麸质

玉米麸质又称玉米蛋白粉，以玉米中不溶性蛋白质为主要成分，还包含有多种维生素和矿物质，其中胆碱、肌醇含量较高，分别可达220.7mg/100g和189.8mg/100g，矿物质中的主要成分为钾、镁、磷、硫、铁、锌、铜，具体含量见表5-5。玉米麸质中含有220~497mg/kg的玉米黄色素，实际上玉米中全部黄色素都集中在玉米麸质中，玉米黄色素是一种营养价值较高的天然食用色素，其主要成分为类胡萝卜素，在体内能转化成为维生素A，具有保护视力、促进人体生长发育和提高抗病能力的作用。

表 5-5　麸质中维生素、矿物质含量

成分	含量/（mg/100g）	成分	含量/（mg/100g）	成分	含量/（mg/100g）
胆碱	220.7	胡萝卜素	4.4~6.6	硫	830
肌醇	189.8	钾	450	铁	16.7
烟酸	8.2	磷	700	锌	4.2
维生素 A	6.6~14.3	镁	150	铜	2.2

（四）大豆副产物中的维生素和生物活性成分

1. 豆渣

豆渣有十分丰富的营养价值，其维生素和矿物质成分见表5-6。矿物质成分主要有钙、磷、钾、铁、锌等，而且豆渣中的钙易吸收。豆渣中还含有丰富的 B 族维生素、维生素 E 和 β-胡萝卜素，其中维生素 B_2 的含量较高。另外，豆渣中的脂肪主要由不饱和脂肪酸组成，卵磷脂含量约为 8.8%，天然活性物质还有大豆皂苷、大豆异黄酮等。

表 5-6　豆渣中维生素和矿物质组成及含量

成分	含量/（mg/100g）	成分	含量/（mg/100g）	成分	含量/（mg/100g）
维生素 B_1	0.27	钙	210	铁	10.7
维生素 B_2	0.98	钾	200	锰	1.5
磷	380	镁	39	锌	2.3

2. 豆粕

豆粕中的主要成分为蛋白质。因此，常作为制备大豆蛋白系列产品的原料。另外，豆粕中还含有丰富的维生素和天然活性成分，其中胆碱含量较高，为 220~280mg/100g；豆粕中的矿物质主要有钾、镁、钙、磷、铁、钠等。具体含量见表 5-7。

表 5-7　豆粕中维生素和天然活性成分组成及含量

成分	含量/（mg/100g）	成分	含量/（mg/100g）	成分	含量/（mg/100g）
维生素 B_1	0.3~0.6	烟酸	1.5~3	钠	76
维生素 B_2	0.3~0.6	钾	1391	磷	28
维生素 E	5.8	镁	158	铁	14.9
胆碱	220~280	钙	154	锰	2.5

3. 油脚

食用植物油精炼过程中的脱胶过程，工业上最为普遍的是水化脱胶，水化脱胶是利用磷脂等胶溶性杂质的亲水性使其中胶溶性杂质凝聚沉降，得到的副产物是富含磷脂的水化油脚。油脚中一般含水分 $50\%\sim60\%$、中性油脂 $15\%\sim20\%$、磷脂 $10\%\sim15\%$，另外还含有少量的蛋白质、糖脂、固醇、氨基酸以及多种微量元素和维生素。表5-8列出了几种常见植物油精炼后油脚中维生素和天然活性物质及其含量。

表5-8 常见植物油精炼后水化油脚组成

组成	脂肪酸/%	磷脂/%	维生素 E/%	甾醇/%
大豆油脚	30~45	2.4~4.4	0.2~0.38	1.5
油菜籽油脚	30~45	0.8~2.0	0.02~0.07	2.62
米糠油脚	30~45	0.8~1.8	0.1~0.27	3.81
玉米胚芽油脚	30~45	2.0~4.2	0.1~0.26	1.24

（五）花生副产物中的维生素和生物活性成分

1. 花生壳

花生壳的主要成分是粗纤维，其他营养成分也很丰富，矿物质组成主要有钾、钙、镁、磷、铝、锶、锰、锌等，具体含量见表5-9。此外，花生壳中还含有一些药用成分，如β-谷甾醇、胡萝卜素、皂草甙、木糖等。

表5-9 花生壳中维生素及其含量

成分	含量/（mg/100g）	成分	含量/（mg/100g）	成分	含量/（mg/100g）
钾	570	磷	60	锶	26.2
钙	200	铝	45.4	锰	4.5
镁	70	铁	26.2	锌	1.3

2. 花生红衣

花生红衣中含有多种天然活性物质，如甾醇、焦性儿茶酚型鞣质、赭朴吩、二聚原花色苷元-A 型化合物、D(+)-儿茶素、白藜芦醇和原花色素等。近年来，从花生红衣中提取天然色素、多酚类等抗氧化物质成为研究热点。花生红衣的矿物质元素主要有钙、钾、铁、锌等元素，还含有一种独特的、发挥药理活性的维生素——维生素 K，它是维持人体血液正常凝固功能所必需的成分，因此，常作为中成药用于辅助治疗慢性出血和支气管炎等疾病。花生红衣中的天然活性物质和矿物质组成见表 5-10。

表 5-10　花生红衣中天然活性物质和矿物质含量

成分	含量/（mg/100g）	成分	含量/（mg/100g）	成分	含量/（mg/100g）
儿茶素	15.9	槲皮素	1.8	铁	10.8~18.2
对香豆酸	5.9	钙	7 800	铜	4.3~19.5
绿原酸	2.2	钾	2 400	锌	8.8~13.2

3. 花生粕

花生粕中蛋白质的含量最高，其次是可溶性总糖，同时花生粕中含有丰富的活性物质——黄酮类、氨基酸、鞣质、三萜或甾体类化合物等成分，其中，总黄酮含量高达 1.1 mg/g、多糖含量为 32.5%，烟酸、胆碱含量较高，具体含量见表 5-11。花生粕中含有的维生素 B 族较丰富，胡萝卜素、维生素 D、维生素 E 含量则较低，同时也含有镁、钾、钙、铁、锌、铜、锰等多种矿质元素。

表 5-11　花生粕中维生素、矿物质含量

成分	含量/（mg/100g）	成分	含量/（mg/100g）	成分	含量/（mg/100g）
胆碱	150~200	维生素 B_1	0.24	镁	192.5
烟酸	17.4	维生素 B_2	0.28	钙	83.7
生育酚	0.87	钾	122.8	铁	32.3

第二节　粮油副产物中维生素和生物活性成分资源的生产技术

粮油原料中主要的营养成分是碳水化合物、蛋白质、脂肪三大类，这三大类营养成分主要存在于粮油原料籽粒的胚乳、子叶等营养器官中，成为粮油加工与利用的主产物；而更多种类的功能营养成分存在于皮层、胚芽、茎叶中，在加工过程中成为副产物，大多数粮油作物的茎叶等甚至未经加工就成为副产物。由此看来，粮油原料的副产物除了加工成碳水化合物、蛋白质、脂肪三大类成分之外，仍含有大部分其他营养成分。因而，粮油副产物中丰富的功能成分为其综合利用提供了前提。粮油副产物中含有丰富的多糖、低聚糖、蛋白质、维生素、色素、黄酮类、生物碱等有效成分，在开发功能食品和生物医药方面都具有广阔的应用前景，同时能将食品的基本属性（营养、安全等）、修饰属性（色、香、味、形、感官等）、功能属性（防癌、强心、益智、减肥、健肾、降糖等）三者有机地结合起来。

本章内容以粮油副产物为原料，通过提取、转化、分离等方式获得维生素和生物活性成分等产品，所选择的原料及其成品遵循以下基本原则：原料来源丰富、生产工艺相对成熟、产品具有一定的市场占有率和较好的市场前景。

一、维生素 E

（一）维生素 E 的功能性质

维生素 E，又名生育酚，一般为淡黄色油状液体，是人类和动物必需的微量营养素，具有多项生理功能。

1. 抗氧化

维生素 E 属于酚类化合物，其氧杂萘满环上第六位的羟基是活性基团，能够释放羟基上的活泼氢，捕获自由基，从而阻断自由基的链式反应，因此，维生素 E 是一种强有效的抗氧化剂。维生素 E 的抗氧化能力与生育酚的种类有关，各种生育酚的抗氧化功能在一般情况下为：$a>\beta>\gamma>\delta$；生育三烯酚大于相应的生育酚。维生素 E 在种子贮藏、萌发和早期发育过程中，清除多余自由基反应，维护了细胞的完整结构和正常功能；在油脂抗氧化功能方面，维生素 E 可以防止油脂的自动氧化，对光氧化也有较好的延缓作用。

2. 延缓衰老的作用

维生素 E 能将不饱和脂肪酸在肠道和组织内的氧化分解降到最低，保护细胞膜上多不饱和脂肪酸不被自由基攻击而发生脂质过氧化反应，维持细胞膜的完整性，促进人体细胞的再生与活力，推迟细胞老化过程，延缓衰老性疾病的发生与发展。维生素 E 可以促进人体新陈代谢，减少脂褐质的形成，改善皮肤弹性。

3. 抗不育的作用

维生素 E 的主要生理功能之一就是抗不育症，这也是生育酚得名的原因。抗不育功能主要是由于维生素 E 的营养作用，它能维持生殖器官正常机能，调节内分泌功能紊乱，促进性激素分泌，提高生育能力，可使垂体前叶促性腺素分泌细胞，提高黄体激素量分泌，促进黄体细胞增大，并抑制孕酮在体内的氧化，增强孕酮的作用，从而促使受精作用完成。

4. 调节机体免疫系统能力

维生素 E 通过保护细胞膜及细胞器膜免受氧化破坏，维持细胞及细胞器的完整与内环境稳态，保护细胞的正常生理功能，使细胞在接种免疫后产生正常的免疫应答，从而调节机体的免疫功能。维生素 E 还可作为免疫调节物来调节前列腺素、凝血素及促细胞生长素的合成。

（二）富含维生素 E 的粮油副产物资源

维生素 E 主要存在于植物油中，尤其是在谷物种子的胚芽油及大豆油等油脂中含量比较丰富。由于维生素 E 是脂溶性维生素，当粮油作物通过加工后维生素 E 通常富集在含油脂丰富的副产物中，如植物油产品、植物油精制过程中的副产物。

1. 植物油

维生素 E 在植物油中较为常见，各种植物油脂中天然维生素 E 的含量

见表5-12，对比各种植物油中维生素 E 的含量，以小麦胚芽油中的维生素
E 含量最高，还含有少量的生育三烯酚。日常食用油脂中，维生素 E 在玉米
油、豆油中含量较高。

表 5-12　各种植物油脂中天然维生素 E 的含量　（单位：mg/100g）

油脂名称	生育酚				总量
	α	β	γ	δ	
小麦胚芽油	115.3	66.0	—	—	181.3
玉米油	22.3	3.2	79.0	2.6	107.1
葵花籽油	59.9	1.5	3.8	1.2	66.4
菜籽油	18.4	—	38.0	1.2	57.6
大豆油	10.0	0.8	2.5	26.1	39.4
花生油	13.9	3.0	18.9	1.8	37.6
芝麻油	1.2	0.6	24.4	3.2	29.4
橄榄油	16.2	0.9	1.0	—	18.1

2. 植物油精制过程中的副产物

精炼油中维生素 E 的含量为毛油中的60%~70%，其损耗大部分残留于
油渣及脱臭馏出物中。油渣是制备天然维生素 E 的宝贵资源，它是油脂加
工的下脚料；脱臭是整个加工过程中维生素 E 损失最严重的阶段，在脱臭
馏出物中维生素 E 含量为4%~17%，占处理油量的0.5%，是维生素 E 的一
个良好来源。植物油脱臭馏出物的成分非常复杂，主要含有游离脂肪酸、甘
油酯、甾醇以及甾醇酯、天然维生素 E 等，此外还含有少量的胶质、蜡质
等。从表5-13 中可以看出，与其他油脂脱臭馏出物相比，豆油脂脱臭馏出
物中维生素 E 含量最高可达20%。

表 5-13　几种植物油脱臭馏出物组成

油脂名称	脂肪酸/%	甘油酯/%	甾醇/%	维生素 E/%
棉籽油	—	—	—	6~15
豆油	25~35	3~16	17~43	3~20

（续表）

油脂名称	脂肪酸/%	甘油酯/%	甾醇/%	维生素 E/%
菜籽油	—	—	30~35	7~10
米糠油	20~30	15~25	10~15	2~5

（三）植物油精制脱臭馏出物制备维生素 E 的生产技术

1. 原理及工艺流程

植物油精制脱臭馏出物中除含有丰富的维生素 E 外，还含有甾醇、游离脂肪酸、甘油酯和一部分色素等杂质。通过酯化、蒸馏过程能够获得纯度约 30% 维生素 E 粗提物，而后经萃取、吸附等精制工艺获得纯度更高的维生素 E 产品。由植物油精制脱臭馏出物制备维生素 E 的工艺流程见图 5-1。

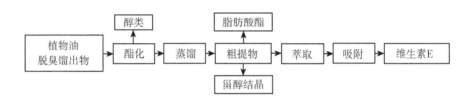

图 5-1 植物油精制脱臭馏出物制备维生素 E 的工艺流程图

2. 工艺要点说明

（1）原料。脱臭馏出物可以是小麦胚芽油、玉米油、大豆油、米糠油、菜籽油、棉籽油等油脂脱臭工序产生的副产物脱臭残渣和真空泵安全罐油渣等。

（2）酯化、蒸馏。通过化学处理（使脱臭馏出物与醇类进行酯化反应生成酯类化合物），把脱臭馏出物中的游离脂肪酸、甘油酯转化为与天然维生素 E 的沸点和分子量相差较大的脂肪酸酯；将馏出物中的甾醇冷却结晶析出，过滤去除；常压蒸馏去除甲醇；通过蒸馏的方法去除其中脂肪酸甲酯或残余脂肪酸、甘油酯等，得到纯度约30%的天然维生素E浓缩物粗品。

（3）萃取、吸附。依据维生素E和残余杂质理化性质上的差异进行分离，可采用的方法有超临界流体萃取、离子交换吸附和凝胶过滤。

①超临界流体萃取。根据超临界流体溶解性和高选择性，使用此技术使原料中维生素E与其他组分分离，超临界萃取率与萃取温度、萃取压力、CO_2的密度等密切相关，该方法已应用于富集大豆油脱臭馏出物中的维生素E。

②离子交换吸附。该方法是利用维生素E和其他组分的吸附交换能力不同而进行分离。由于生育酚分子中的羟基在极性溶剂的作用下能微弱电离，呈现弱酸性，与碱性阴离子交换树脂具有一定的离子交换能力，使天然维生素E可以通过离子交换同其他组分分离。

③凝胶过滤。将维生素E粗提液通过玻璃柱填充床，使脂肪酸、甘油酯、一部分色素等杂质与维生素E分开，从而得到高浓度的维生素E。所用的凝胶有交联葡聚糖、羟基烷氧基丙基交联葡聚糖等。所用的溶剂可以是1，2-二氯乙烷、三氯乙烯，也可以是戊烷、己烷、环己烷、甲醇等。

（四）维生素E的相关标准

目前关于食品领域应用的维生素E产品的相关标准有3个，分别为国家标准《GB 1886.233—2016 食品安全国家标准 食品添加剂 维生素E》、中国轻工行业标准《QB 2483—2000 食品添加剂 天然维生素E》和中国食品添加剂和配料行业团体标准《T/CFAA 0001—2019 天然维生素E用植物油馏出物》。

对于中国食品添加剂和配料行业团体标准《T/CFAA 0001—2019 天然维生素E用植物油馏出物》，对天然维生素E生产原料为植物油精炼工艺馏出物在性状、理化要求两个方面做出了明确的规定，具体见表5-14和表5-15。国家标准《GB 1886.233—2016 食品安全国家标准 食品添加剂 维生素E》的适用范围基本涵盖了中国轻工行业标准《QB 2483—2000 食品添加剂 天然维生素E》，并在此基础上还适用于人工合成的维生素E产品，具体而言，该标准从感官要求、理化指标两个方面做出了明确的规定，具体见表5-16和表5-17。

表 5-14   天然维生素 E 用植物油精炼工艺馏出物的性状

项目	性状
色泽	浅棕色至深棕红色液体
外观状态	20℃以上有较好的流动性，低于 10℃流动性下降，呈半凝固状
溶解性质	几乎不溶于水，溶于乙醚、石油醚、丙酮、正己烷，微溶于乙醇等

表 5-15   天然维生素 E 用植物油精炼工艺馏出物的理化要求

项目	质量指标	项目	质量指标
生育酚含量/%	≥3	皂化值/（mg/g）	≥90
酸价/（mg/g）	≥30	水分/%	≤1

表 5-16   《GB 1886.233—2016 食品安全国家标准   食品添加剂   维生素 E》标准中的感官要求

项目	要求
色泽	d-α-生育酚：棕红色至浅黄色 d-α-醋酸生育酚：无色至黄色 d-α-醋酸生育酚浓缩物：浅棕色至浅黄色 d-α-琥珀酸生育酚：白色至类白色 混合生育酚浓缩物：棕红色至浅黄色
性状	d-α-生育酚：澄清油状液体 d-α-醋酸生育酚：澄清黏稠油状液体，放置会固化，约 25℃时熔化 d-α-醋酸生育酚浓缩物：澄清黏稠油状液体 d-α-琥珀酸生育酚：结晶性粉末，约 75℃时熔化 混合生育酚浓缩物：澄清油状液体，允许有微晶状析出

表5-17　《GB 1886.233—2016食品安全国家标准　食品添加剂　维生素E》标准中的理化指标

项目		指标						
		d-α-生育酚		d-α-醋酸生育酚浓缩物	d-α-醋酸生育酚	d-α-琥珀酸生育酚	dl-α-琥珀酸生育酚	混合生育酚浓缩物
		E50型	E70型					
含量/%	总生育酚	≥50	≥70	≥70	96~102			≥50
	其中,d-α-生育酚	≥95			—			
	d-β、d-γ和d-δ-生育酚	—						≥80
酸度/mL		≤1			≤0.5	18~19.3		≤1
比旋光度$[\alpha]_D^{25} \geqslant$		+24°				—		+20°
吸光系数$E_{1cm}^{1\%}$(284nm)		—			41~45	—		
折光率		—			1.494~1.499	—		
重金属(以Pb计)/(mg/kg)		≤10						

二、肌醇、植酸

(一) 肌醇、植酸的性质

1. 肌醇

(1) 理化性质。肌醇为白色结晶或结晶状粉末,味微甜,在空气中较稳定,但易吸潮,水溶液呈中性、无旋光性、易溶于水、几乎不溶于无水乙醇、甘油和乙二醇,不溶于其他有机溶剂。肌醇的环状结构能抵抗很多化学试剂的作用,被认为是一种糠类转变成芳香物质的过程中的可能中间体,但化学性质比常见的糠类更稳定。

(2) 主要用途。肌醇几乎全部被用于制药工业中,表现出与生物素、B族维生素相类似的作用,国外也有用于酿造和食品方面。肌醇在制药工业中的生理功能表现如下:

① 肠内微生物的生长因子。当人体缺乏维生素时，肌醇能作为肠内微生物的生长因子，刺激微生物合成所缺乏的维生素。

②调节脂肪与胆固醇分解代谢的紊乱。目前医药上将肌醇掺入各种 B 族维生素和多种维生素制剂，或单独利用肌醇或胆固醇、蛋氨酸或其他抗脂肪肝药物混合，用于处理脂肪与胆固醇分解代谢的失调。

③ 其他用途。肌醇还有防止脱发，降低血液中胆固醇含量等作用，还可以作为其他药剂的原料。

2. 植酸

（1）理化性质。植酸，又称六磷酸肌醇、环己六醇六磷酸，它是一种无色或淡黄色浆状液体，易溶于水、95%的乙醇、丙酮，微溶于无水乙醇、甲醇，不溶于无水乙醚、苯、己烷、氯仿等有机溶剂，其水解产物为肌醇和无机磷酸。植酸呈强酸性，其螯合能力与乙二胺四乙酸相似，二者相比，植酸的特点是在很宽的 pH 值范围内具有螯合作用。

（2）主要用途。

①食品工业。植酸是一种天然食品添加剂，作为护色剂、保鲜剂、防腐剂、抗氧剂、除重金属剂、稳定剂，广泛应用于饮料、乳制品、调味品、酒类、各种罐头、食用油和肉制品等诸多食品中，并且没有毒副作用和有毒残留。

②医药工业。植酸作为保健品配料，可用于高温服务业、激烈运动、发烧、中暑等的高温止渴，复活神经机能，补充体力。植酸具有抗氧化与防止过氧化损伤作用，研究表明它对改善羟基造成的心肌缺血可能存在一定的治疗作用。

③日用化工与金属加工业。化妆品添加植酸可有效增加皮肤细胞活力和皮肤弹性，长期使用能改善肤色，使皮肤光洁细腻。在金属加工业中，由于植酸对金属具有很好的螯合能力，一些发达国家已将植酸替代氰化钠用于碱性低氰镀锌，目的在于降低环境污染和电镀产品成本，同时能使膜层具有很好的缓蚀能力。

（二）制备肌醇、植酸的粮油副产物原料资源

植酸广泛存在于自然界，但几乎不以游离态存在，是植物体内最重要的含磷化合物，一般都以钙、镁或钾的复盐（肌醇六磷酸钙镁）和蛋白质的络合物形态广泛存在于植物中，以豆科植物的种子、谷物的麸皮和胚芽中含

量最高，其中以米糠、玉米胚芽、菜籽、亚麻种子的含量最丰富，浓度约
5~50g/kg。此外，植物的根和块茎中也含有一定量的植酸，但花和茎叶中
含量很少。文献报道中的粮油作物及副产物中的植酸含量见表5-18。肌醇
首先是在肌肉组织中发现的，所以称为肌醇，它和植酸、植酸钙是以植酸为
本体相互转换的姊妹产品，是植酸钙的系列产品。

表5-18　粮油作物及副产物中的植酸含量

名称	含量/%	名称	含量/%
米糠	10~11	荞麦	1.08
玉米胚芽	9.5	高粱	0.81
菜籽	4~6	小麦	0.65~0.77
亚麻种子	5.9~6.4	大麦	0.56

（三）米糠制备肌醇、植酸的生产技术

1. 米糠制备肌醇的生产技术

（1）原理及工艺流程。以米糠为原料首先提取获得植酸钙，而后以植
酸钙为原料可进一步加工获得肌醇。其工艺流程如图5-2所示。

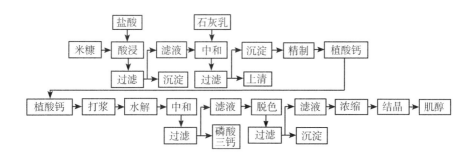

图5-2　以米糠为原料制备肌醇的工艺流程图

（2）工艺要点说明

第一步：米糠→植酸钙

①原料。为了保证产品质量，原料必须干净。用油料加工时的饼粕生产植酸钙，原料应事先筛选去杂、粉碎；用米糠、麦麸生产时应视原料的纯净度适当的挑选去杂；用生产玉米淀粉时浸泡玉米的废水生产时，废水也要澄清去杂。

②酸浸、过滤。将粉碎好的原料按固液比 1 : 8 的比例调制成浆泊，在不断搅拌下，加盐酸（或硝酸、硫酸）酸化，使 pH 值为 3.0；如原料中泥土等杂质多，可适当多加酸。浸泡在室温下进行，以 30℃ 左右较好，但不要过低，以免延长浸泡时间和浸泡不完全，影响产品质量和收率。冬季气温低，浸泡时间要长一点，也不宜过长，以免蛋白质和糖类溶入浸渍液中，影响产品质量。为了提高产品质量，可在浸泡时加入中性盐抑制蛋白质和糖类的溶解，或加水杨酸防腐剂。经数次浸泡后合并滤液进行接下来的步骤。

③中和。将浸渍液泵入中和罐中，用石灰乳或轻质碳酸钙中和。若用石灰乳中和，石灰乳应洁白无杂质、无结块，使用前过筛，石灰乳的浓度在 10°Bé 左右，边加石灰乳边搅拌，溶液 pH 值控制在 7.5 左右，停止加石灰乳后，继续搅拌 20min，静置。

④过滤、精制。中和液经静置沉淀后，弃去上层清液，用细布过滤，也可用甩干、压滤和吸滤。再用温水洗涤滤饼 8～10 次，滤饼即为粗植酸钙，而后再经酸化、中和、脱色、过滤等工序获得精制的植酸钙。

第二步：植酸钙→肌醇

⑤打浆、水解。将精制后的植酸钙倒入打浆罐中，按固液比 1 : 5 加水后充分搅拌，将原料打成糊状，而后将植酸钙糊浆打入水解锅，开动搅拌，用直接蒸汽、间接蒸汽或油浴加热，升温升压，当水解锅内的压力达到 0.8～0.9MPa 时，关闭直接蒸汽，用间接蒸汽或油浴加热，保持水解锅内的压力，水解时间 5～8h，当水解液的 pH 值达到 3 左右时，即视为水解完毕。

⑥中和、过滤。植酸钙水解后生成肌醇和磷酸盐，其中肌醇、磷酸是溶于水的，而磷酸钙、磷酸镁和磷酸钙镁不溶于水。采取加入石灰乳中和的方法，使溶于水的磷酸及其酸式盐生成磷酸盐沉淀出来，从而获得肌醇水溶液。具体操作为：借助水解完毕后的余压将水解液压入中和罐，水解温度控制在 80～85℃，用新配制的石灰乳液中和，当 pH 值达到 8 以上时，继续搅

拌 20min，使 pH 值稳定在 8~9，中和完毕。中和后的溶液中大部分杂质已形成沉淀，而肌醇仍然溶在溶液中，利用板框压滤机压滤，得到肌醇的水溶液。滤饼主要是磷酸三钙，可作肥料使用。

⑦脱色。中和后的过滤液由于颜色较深，应进行脱色处理。脱色在脱色罐中进行，具体操作为：将中和液打入脱色罐中，按溶液的 1%~3% 加入活性炭。开动搅拌器，升温至 80℃，继续搅拌 30min，时间不要过长，以免解脱。对脱色液进行压滤，滤液 pH 值不低于 8，收集滤液。

⑧浓缩、结晶。浓缩时为了降低能耗，提高产品质量，可采用减压浓缩和多效蒸发器浓缩。温度控制在 70℃ 以下，当浓缩液的密度达到 1.28~1.30g/cm³ 时，将其放入结晶器或搪瓷桶、不锈钢桶中，缓慢降温，以利晶体的生长；当温度降至 32℃ 时，便有大量结晶生成，可离心分离，母液可循环使用。

2. 米糠制备植酸的生产技术

（1）原理及工艺流程。以米糠为原料首先提取获得植酸钙，而后以植酸钙为原料可进一步加工获得植酸。其工艺流程如图 5-3 所示。

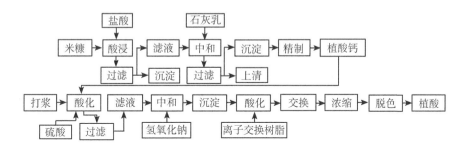

图 5-3　以米糠为原料制备植酸的工艺流程图

（2）工艺要点说明

第一步：米糠→植酸钙

同肌醇生产工艺。

第二步：植酸钙→植酸

①打浆、酸化。将植酸钙按固液比 1:3 调浆制成悬浮液，用稀硫酸溶液酸化，调 pH 值至 4，充分搅拌，使植酸彻底转化，此时植酸溶在溶液中，

钙离子形成硫酸钙沉淀。酸化后，在慢速搅拌下使硫酸钙的晶体慢慢长大，然后用抽滤或压滤的方式过滤，收集滤液。

②中和、沉淀。将滤液打入中和罐，在不断搅拌下加入20%的氢氧化钠溶液进行中和，pH值在7~7.5，呈弱碱性。中和用碱液不宜过浓，加碱要慢慢进行，并不断搅拌，这样使植酸钠沉淀颗粒均匀，包裹的无机盐杂质少、容易洗涤、产品质量高。当溶液中的植酸生成植酸钠沉淀后，放置一段时间，使沉淀完全，然后将沉淀过滤，滤饼用去离子水洗涤2~3次，直到洗涤液无色透明澄清，其中无硫酸根存在为止。

③离子交换树脂酸化。将洗涤好的植酸钠和树脂（强酸型阳离子树脂，732型）按体积比1:1的比例，在慢慢搅拌下混合均匀，树脂应事先再生好。酸化好后进行过滤。酸化后的稀植酸液一般都混浊，应在树脂交换前进行处理，通常是在稀植酸液中加入3%~5%的活性炭或硅藻土，间接加热80℃后脱色过滤。

④交换。交换是净化稀植酸的重要步骤，很多金属阳离子都是通过离子交换除去的，离子交换在交换柱上进行，如交换柱为500mm×3 500mm时，装树脂高度约为300mm，使澄清透明的稀植酸通过树脂柱，交换流速控制在2~3L/min。

⑤浓缩、脱色。稀植酸离子交换净化液必须浓缩到一定浓度后才能成为成品植酸，浓缩应在减压下进行。将合格的稀植酸溶液用真空抽入浓缩搪瓷反应罐，开启真空、开动搅拌、加热浓缩，真空度保持在-0.01MPa左右，真空度越高，浓缩温度越低，温度应控制在70℃以下。当浓度达到70%时，加入活性炭进行脱色，脱色温度以80℃为宜，因为当浓度较高时，溶液的黏度较大，呈黏稠状，要趁热过滤，可以加快过滤速度和提高效率。当过滤液达到无色或淡黄色浆状透明液体时，包装装桶。

（四）肌醇、植酸的相关标准

目前关于食品领域应用的肌醇、植酸相关的标准有3个，分别为国家标准《GB 1903.42—2020 食品安全国家标准 食品营养强化剂 肌醇》《GB 1886.237—2016 食品安全国家标准 食品添加剂 植酸》和《GB 1886.250—2016 食品安全国家标准 食品添加剂 植酸钠》。

具体而言，国家标准《GB 1903.42—2020 食品安全国家标准 食品营养强化剂 肌醇》从感官指标、理化指标2个方面做出了明确的规定，具体见表5-19和表5-20；国家标准《GB 1886.237—2016 食品安全国家标准

食品添加剂　植酸》从感官指标、理化指标 2 个方面做出了明确的规定，具体见表 5-21 和表 5-22；国家标准《GB 1886.250—2016 食品安全国家标准　食品添加剂　植酸钠》从感官指标、理化指标 2 个方面做出了明确的规定，具体见表 5-23 和表 5-24。

表 5-19　《GB 1903.42—2020 食品安全国家标准　食品营养强化剂　肌醇》
标准中的感官指标

项目	色泽	状态
要求	白色或类白色	结晶性粉末

表 5-20　《GB 1903.42—2020 食品安全国家标准　食品营养强化剂　肌醇》
标准中的理化指标

项目	指标
肌醇（$C_6H_{12}O_6$）含量（以干基计）/%	97~101
钙（Ca）	通过试验
氯化物（以 Cl 计）/%	≤0.005
硫酸盐（以 SO_4 计）/%	≤0.006
干燥减量/%	≤0.5
熔点/℃	224~227
灼烧残渣/%	≤0.1
铅（Pb）/（mg/kg）	≤1
总砷（以 As 计）/（mg/kg）	≤1

表 5-21　《GB 1886.237—2016 食品安全国家标准　食品添加剂　植酸》
标准中的感官指标

项目	色泽	状态
要求	淡黄色或浅褐色	黏稠液体

表 5-22 《GB 1886.237—2016 食品安全国家标准 食品添加剂 植酸》标准中的理化指标

项目	指标
植酸含量/%	≥50
无机磷/%	≤0.02
氯化物（以 Cl 计）/%	≤0.02
硫酸盐（以 SO_4 计）/%	≤0.02
钙盐（以 Ca 计）/%	≤0.02
砷（As）/（mg/kg）	≤3
铅（Pb）/（mg/kg）	≤1

表 5-23 《GB 1886.250—2016 食品安全国家标准 食品添加剂 植酸钠》标准中的感官指标

项目	色泽	状态	杂质
要求	白色	晶状粉末	无可见杂质

表 5-24 《GB 1886.250—2016 食品安全国家标准 食品添加剂 植酸钠》标准中的理化指标

项目	指标
植酸钠含量/%	≥75
无机磷/%	≤0.02
氯化物（以 Cl 计）/%	≤0.01
硫酸盐/%	≤0.01

（续表）

项目	指标
钙盐/%	≤0.01
铅（Pb）/（mg/kg）	≤1
总砷（以 As 计）/（mg/kg）	≤1
pH 值	10~12

三、木糖醇

（一）木糖醇的性质

（1）理化性质。木糖醇为白色晶体或结晶性粉末，极易溶于水，微溶于乙醇与甲醇，其甜度与蔗糖相当，低温品尝效果更佳，其甜度可达到蔗糖的 1.2 倍，溶于水时可吸收大量热量，是所有糖醇甜味剂中吸热值最大的一种，故以固体形式食用时，会在口中产生愉快的清凉感。

（2）主要用途。木糖醇广泛用于食品、医药、轻工业等方面，主要有如下几个方面的用途。

①甜味剂。木糖醇作为甜味剂应用于各种食品中，如糖果、巧克力、饮料、果酱、糕点、饼干等。木糖醇易被人体吸收，代谢完全，不刺激胰岛素的分泌，不会使人体血糖急剧升高，是糖尿病患者理想的甜味剂和辅助治疗剂。

②防龋齿。木糖醇因具有防龋齿特性，是防龋齿食品的重要原料之一。当前国内外流行的无糖口香糖，即是以木糖醇、山梨醇等糖醇为甜味剂生产的。

③其他性质。木糖醇有润肠作用，可用作缓冲溶剂；可以替代甘油作为保湿剂，如牙膏生产中，木糖醇和甘油混合作用，能增强赋形效果；在纸张中作为增韧剂；在卷烟中作为保湿加香剂。

(二) 制备木糖醇的粮油副产物原料资源

在自然界中，木糖醇的分布范围很广，存在于各种水果、蔬菜、谷类之中，但含量很低。目前常用的木糖醇是从白桦树、橡树、玉米芯、甘蔗渣等植物原料中提取出来的。作为一种主要的粮油副产物，玉米芯一般占玉米的20%～30%，其主要成分为纤维素（32%～36%）、多缩戊糖（35%～40%）、木质素（25%）及少量的灰分。由玉米芯制备木糖醇，主要利用的是其中的半纤维素（多缩戊糖）组分。

(三) 玉米芯制备木糖醇的生产技术

1. 原理及工艺流程

以玉米芯为原料制备木糖醇的工艺主要包括水解和氢化两大步骤，首先将玉米芯中的半纤维素转化为纯度较高的木糖，而后木糖再经过氢化过程转化为木糖醇，其工艺流程见图5-4。

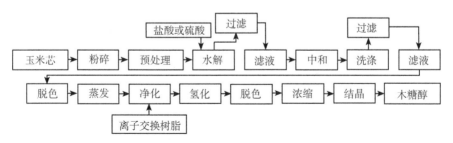

图5-4　以玉米芯为原料制备木糖醇的工艺流程图

2. 工艺要点说明

（1）原料、粉碎。采用无杂质、无霉变的干玉米芯，将其用清水洗净，然后干燥粉碎，通过8目/cm²筛网。对粉碎后的玉米芯通过筛选或风选，去除杂质和灰土；在可能的情况下应该进行预洗，然后再进行预处理，最大限度地除去原料中的杂质。

（2）预处理。通常采用热水预处理，一般加入4～5倍量的清水，用蒸汽间接加热至120～130℃，保温搅拌2～3h，趁热过滤，再用等量的清水洗涤滤渣 4~5 次，可得滤渣。鉴于玉米芯夹杂着大量灰分，难以去除干净，单纯水处理达不到预期效果，为了提高溶出率，有时在预处理的热水中加入酸或碱。如在热水中加入浓度 0.1% 的硫酸，即使常温常压下，也能顺利地溶解玉米芯中所含有的灰分。

（3）水解。由于木糖醇生产利用的是原料中的半纤维素，其聚合度比纤维素要低得多，易于吸水膨胀，能溶于氢氧化钠溶液。在酸存在的条件下，不需加压，常温煮沸即能使半纤维素溶解和降解。根据水解时酸浓度和温度的不同，水解方法基本上可分为 2 类，即稀酸常压法和低酸低压法，具体操作如下。

①稀酸常压法。把滤渣放在水解罐内，加入 3 倍量的 1.5%~2.0% 硫酸，搅拌均匀，用蒸汽加热至沸，当温度达 100~105℃ 时，保温搅拌水解 2.5~3h，并趁热过滤，使水解液降温至 75℃。

②低酸低压法。为节约催化剂硫酸的消耗以降低生产成本，将稀酸浓度降至 1% 以下，一般掌握在 0.6%~0.8%，水解过程中控制水解罐蒸汽压不超过 0.2MPa，温度不超过 125℃，水解时间根据投料多少，控制在 3~4h。如以盐酸为催化剂，因其催化活性比硫酸高一倍，故盐酸的浓度可比硫酸低一半。

（4）中和、洗涤。中和的目的是去除水解液中的硫酸，同时除去一部分胶体及悬浮物质，水解液中的有机酸主要是带挥发性的醋酸，将在蒸发过程中蒸出。具体操作如下：在不断搅拌下，向水解液中加入 15% 的碳酸钙悬浮液，调节 pH 值至 3.6，保温搅拌 1.5h 后冷却至室温，静置 12~16h，抽滤或离心分离，再用清水洗涤滤渣 2~3 次，合并滤液。

（5）脱色。水解液呈黄褐色半透明状，其颜色主要来源有两个方面：①玉米芯含有天然的花色素和含氮物质；②水解过程中糖类受热焦糖化反应、糖类和氨基酸的美拉德反应、水解液和铁等金属产生反应等，均会使水解液色泽变深。这些色素如不除去，将会使氢化过程的催化剂受到严重污染和中毒。

木糖醇生产的脱色工艺和其他制糖工业的脱色方法相同，也是采用脱色剂固相吸附色素脱色。考虑到脱色效果、脱色剂来源、价格等因素，一般选用活性炭脱色。具体操作如下：间接加热滤液，当温度达到 70℃ 时，加入 5% 活性炭，保温缓慢搅拌 1h，趁热过滤。水解液通过脱色，外观由黄褐色不透明变成浅黄色透明，透光度由 5%~6% 提高到 85% 以上，木糖浓度为 70%~75% 以上。

（6）蒸发。蒸发不仅除去了水分、提高了脱色液的浓度，同时也起到净化半成品的作用。在蒸发过程中，挥发性有机酸被蒸出；同时在中和过程中产生的溶解性硫酸钙，随着蒸发浓缩程度的提高也相应地析出。具体操作如下：把上述过滤液注入蒸发器内，用蒸汽加热蒸发水分，当木糖含量达85%以上时停止加热，冷却至室温过滤可得木糖浆。

（7）净化。此时的糖浆纯度只有85%左右，含有原料中带来的灰分、中和产生的可溶性盐类、有机酸及残存的无机酸，以及脱色过程中未除去的色素、胶体等物质，这些物质如不进一步净化，则会引起氢化过程中催化剂的钝化和中毒。目前主要采用离子交换方法净化，具体操作为：已蒸发浓缩的木糖浆先后经过阳离子交换树脂和阴离子交换树脂，可得96%以上的无色透明流出液，流出液的 pH 值应不呈酸性。根据糖浆的纯度和离子交换树脂的性能，可按照阳—阴—阴、阳—阴、阴—阳等不同离子交换树脂组合对糖浆进行净化。

（8）氢化。将通过离子交换获得的流出液稀释至木糖含量在13%左右，然后用碱液调节 pH 值至8，用高压泵打入混合器，同时注入氢气，再打进预热器，升温至90~92℃；将已预热的混合液再用高压泵打入反应器，继续升温至120~125℃，使用氢化催化剂（活性镍）进行氢化反应；所得氢化液流进冷却器降温至室温，再送进高压分离器，可得含木糖醇13%左右的氢化液。将氢化液再经常压分离器，进一步除去剩余的氢气，最后可得折光率15%、透光度85%以上的无色或淡黄色透明液。净化木糖经氢化后转变为木糖醇。

（9）脱色。将透明液移入夹层脱色罐内，加热至80℃左右，在不断搅拌下加入5%活性炭，保温40~60min，然后趁热过滤可得脱色液。

（10）浓缩。把热脱色液移入夹层蒸发器中，用蒸汽加热浓缩，当蒸发液的折光率为60%时停止加热，并趁热过滤，可得含木糖醇50%以上的浓缩液。

（11）结晶。木糖醇结晶的原理是首先取得其过饱和溶液，然后用降温的办法获得晶体和饱和溶液。将浓缩液移入另一夹层蒸发器中，继续加热浓缩至折光率为85%左右，此时木糖醇含量可达90%以上；然后把浓缩液降温至80℃，移入结晶器内，以 1℃/h 的降温速率进行结晶，当温度降至40℃时进行离心分离，分离液返回第二次夹层蒸发器中浓缩，得到含木糖醇96%以上的白色晶体。

（12）贮存。木糖醇晶体装入防潮、无毒塑料袋中，放在干燥、通风处贮存。

（四）木糖醇的相关标准

目前关于木糖醇的相关标准有两个，分别为国家标准《GB 1886.234—2016 食品安全国家标准　食品添加剂　木糖醇》和中国轻工行业标准《QB/T 4574—2013 液体木糖醇》，适用领域分别为食品添加剂和工业用途。国家标准《GB 1886.234—2016 食品安全国家标准　食品添加剂　木糖醇》从感官指标、理化指标两个方面做出了明确的规定，具体见表 5-25 和表 5-26。

表 5-25　《GB 1886.234—2016 食品安全国家标准　食品添加剂　木糖醇》
标准中的感官指标

项目	色泽	状态
要求	白色	结晶或晶状粉末

表 5-26　《GB 1886.234—2016 食品安全国家标准　食品添加剂　木糖醇》
标准中的理化指标

项目	指标
木糖醇含量（以干基计）/%	98.5~101
干燥减量/%	≤0.5
灼烧残渣/%	≤0.1
还原糖（以葡萄糖计）/%	≤0.2
其他多元醇/%	≤1
镍（Ni）/（mg/kg）	≤1
铅（Pb）/（mg/kg）	≤1
总砷（以 As 计）/（mg/kg）	≤3

四、大豆异黄酮

(一) 大豆异黄酮的性质

大豆异黄酮为无色、有苦涩味的晶体状物质，难溶于水，易溶于丙酮、乙醇、甲醇、乙酸乙酯等极性溶剂，由于含有酚羟基，呈酸性，因此可溶于碱性水溶液。天然存在的大豆异黄酮共有 12 种，它们大多以 β-葡萄糖苷形式存在，其中起生理药理作用的主要是染料木苷和大豆苷。大豆异黄酮具有多种生理功能，可预防骨质疏松症、防止心脑血管疾病、预防癌症和减少肿瘤数目、减轻或避免因雌激素减少引起的更年期综合征，以及具有抗衰老和防止酒精中毒等功效，具有巨大的应用前景，日益受到广泛的关注。

(二) 富含大豆异黄酮的粮油副产物资源

大豆异黄酮是大豆生长过程中形成的次级代谢产物，含量为 0.05% ~ 0.4%。大豆制品因加工方法不同，制品内异黄酮含量及存在形式亦有差异。如豆腐在加工过程中，异黄酮随水溶出，因此含量较低；由于异黄酮糖苷具有较高的极性，在非极性的豆油以及豆油浸出剂中溶解度低，豆油中基本上没有异黄酮存在；相比而言，豆粕、大豆粉、豆乳粉、大豆浓缩蛋白、大豆分离蛋白等产品中，大豆异黄酮含量较高。表 5-27 列出了不同大豆及其制品中异黄酮含量及其组成。

表 5-27　不同大豆及其制品中异黄酮含量及其组成

大豆及大豆制品	总异黄酮含量/（μg/g）	异黄酮苷元所占比例/%	大豆异黄酮苷元组成比例/%			大豆异黄酮糖苷组成比例/%		
			染料木黄酮	黄豆苷元	大豆黄素	异黄酮糖苷	乙酰基异黄酮糖苷	丙酰基异黄酮糖苷
炒大豆	2 661	6	53.6	35.4	11	40.5	46.7	6.8
大豆粉 A[①]	2 014	2.2	72.2	20.5	7.3	29.5	1.6	66.6
大豆粉 B[②]	2 404	2.5	51	38.1	10.9	71.9	10.6	14.9
组织状大豆蛋白	2 295	2.9	51.2	34.8	14	56	26	15
大豆分离蛋白	621	40.6	60.1	14.3	25.6	27.5	6.3	25.6

（续表）

大豆及大豆制品	总异黄酮含量/（μg/g）	异黄酮苷元所占比例/%	大豆异黄酮苷元组成比例/%			大豆异黄酮糖苷组成比例/%		
			染料木黄酮	黄豆苷元	大豆黄素	异黄酮糖苷	乙酰基异黄酮糖苷	丙酰基异黄酮糖苷
大豆浓缩蛋白	73	31.5	26	0	74	67.1	1.4	0
豆腐	531	20.7	46.1	44.8	9.2	22	7	50.3
大豆饮料	1 918	5.3	56.3	34.7	9	70.1	8.7	20.9

注：①室温提取24h；②80℃提取15h。

（三）豆粕制备大豆异黄酮的生产技术

1. 原理及工艺流程

以乙醇水溶液提取大豆异黄酮具有提取率较高、无毒、溶剂可回收等优点，是提取大豆异黄酮的主要方法之一。乙醇水溶液提取豆粕中异黄酮的工艺流程如图5-5所示。

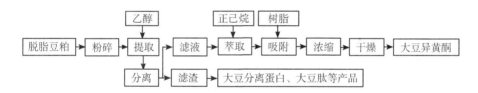

图5-5　乙醇水溶液提取豆粕中大豆异黄酮的工艺流程图

2. 工艺要点说明

（1）原料、粉碎。以脱脂豆粕为原料提取大豆异黄酮，浸提前需进行适当粉碎，粒度最好在0.5～0.8mm，最大不超过1mm。原料粒径过大，给提取造成困难，粒径过小，粉末度过高，给后续分离操作带来困难。

（2）提取。粉碎后的豆粕用8～20倍体积、8%乙醇浸泡提取2～3次，提取温度为60～90℃，每次提取1～1.5h。

（3）分离。提取完成后过滤，收集滤液进行真空浓缩，获得大豆异黄酮粗提物浸膏，其可溶性固形物浓度约为18%。粗提物中大豆异黄酮含量占脱脂豆粕大豆异黄酮含量的90%以上。滤渣挥发乙醇后用于制备大豆分离蛋白或大豆肽。

（4）萃取。向大豆异黄酮浸膏中加入等体积正己烷，进行萃取脱脂2次。分液后上层正己烷相用于回收并制备大豆油脂，下层水相用稀盐酸调节其pH值为4~5，然后离心除去其中的蛋白质，获得大豆异黄酮粗提液。

（5）树脂吸附。利用柱层析时，聚酰胺柱和葡萄糖凝胶柱效果较好，硅胶柱分离效果不理想。所采用的吸附剂可以是非极性、弱极性和极性树脂。具体操作为：取树脂体积1~1.5倍的大豆异黄酮粗提液，升温至40℃后上柱，控制流出液速度为每小时1~2倍树脂体积，使大豆异黄酮吸附于树脂上，然后泵入25℃左右的去离子水洗涤树脂，除去糖及其他水溶性杂质。向树脂柱泵入温度为55~60℃去离子水，流出液速度控制在每小时1~1.5倍树脂体积，洗脱大豆异黄酮，以紫外检测器检测，收集在320~360nm有明显吸收的洗脱液进行浓缩。

（6）浓缩、干燥。将洗脱液进行减压浓缩形成浓缩液，浓缩条件为：温度95~100℃，真空度为-0.09~-0.08MPa。向浓缩液中加入等体积丙酮萃取2~3次，萃取温度为60℃，经离心、减压回收丙酮后获得淡黄色大豆异黄酮，粗提物中大豆异黄酮含量占脱脂豆粕大豆异黄酮含量的73%以上。大豆异黄酮的干燥采取履带式连续真空干燥器，既可以避免某些挥发组分的损失，也可以保证高效率。

（四）大豆异黄酮的相关标准

目前关于大豆异黄酮的相关标准为中国农业行业标准《NY/T 1252—2006 大豆异黄酮》，标准从感官指标、理化指标、主要成分指标、微生物学指标4个方面做出了明确的规定，具体见表5-28、表5-29、表5-30和表5-31。

表5-28　《NY/T 1252—2006 大豆异黄酮》标准中的感官指标

项目	指标	项目	指标
形态	呈粉末状，无结块现象	滋味与气味	具有该产品的特殊香气，入口味苦，无异味
色泽	淡黄色或黄色	杂质	无肉眼可见的杂质

表 5-29　《NY/T 1252—2006 大豆异黄酮》标准中的理化指标

项目	指标	项目	指标
粒度（80 目筛下）/%	≥80	总砷（以 As 计）/（mg/kg）	≤0.3
水分/%	≤5	铅（以 Pb 计）/（mg/kg）	≤0.5
灰分/%	≤5	黄曲霉素 B_1/（μg/kg）	≤5

表 5-30　《NY/T 1252—2006 大豆异黄酮》标准中大豆异黄酮产品的主要成分表

产品名称	主要成分	特级	Ⅰ级	Ⅱ级	Ⅲ级
大豆异黄酮［苷］（以干基计）/%	大豆异黄酮苷	≥95	≥90	≥70	≥50
	大豆皂苷	—	—	≥15	≥30
大豆异黄酮［大豆苷］（以干基计）/%	大豆苷	≥95	≥90	≥70	≥50
	大豆黄苷和染料木苷	—	—	≥15	≥30
大豆异黄酮［大豆黄苷］（以干基计）/%	大豆黄苷	≥95	≥90	≥70	≥50
	大豆苷和染料木苷	—	—	≥15	≥30
大豆异黄酮［染料木苷］（以干基计）/%	染料木苷	≥95	≥90	≥70	≥50
	大豆苷和大豆黄苷	—	—	≥15	≥30

表 5-31　《NY/T 1252—2006 大豆异黄酮》标准中大豆异黄酮苷元类产品的主要成分表

产品名称	主要成分	特级	Ⅰ级	Ⅱ级	Ⅲ级
大豆异黄酮［苷元］（以干基计）/%	大豆异黄酮苷元	≥95	≥90	≥70	≥50
	大豆异黄酮苷	—	—	≥15	≥30
大豆异黄酮［大豆素］（以干基计）/%	大豆素	≥95	≥90	≥70	≥50
	大豆黄素和染料木素	—	—	≥15	≥30
大豆异黄酮［大豆黄素］（以干基计）/%	大豆黄素	≥95	≥90	≥70	≥50
	大豆素和染料木素	—	—	≥15	≥30
大豆异黄酮［染料木素］（以干基计）/%	染料木素	≥95	≥90	≥70	≥50
	大豆素和大豆黄素	—	—	≥15	≥30

五、花生衣红色素

(一) 花生衣红色素的性质

1. 基本性质

花生衣红色素是红褐色粉末，属于水溶性色素，溶于水、乙醇、甲醇，不溶于丙酮、乙酸乙酯等溶剂。其色调艳丽、自然；耐热性、耐光性良好；在弱酸性、中性（pH 值 4~7）范围内稳定；大多数离子（除铁离子外）对其影响也较小。

2. 理化性质

（1）黄酮类化合物的定性实验。盐酸镁粉反应为橙黄色至紫红色；三氯化铝反应为鲜黄色；分光光度计扫描在 280nm 处有强吸收；红外光谱显示了黄酮醇类化合物的特征吸收峰。

（2）耐热性。花生衣红色素的着色力不受温度的影响。在 100℃ 加热 30min 后，吸收光谱的波长和吸光值变化幅度不大，颜色几乎与刚配制时相同。

（3）耐光性。花生衣红色素对光照较其他天然色素稳定，配制不同浓度的溶液置于自然光下，一个月后与新鲜配制的同样浓度的溶液相比较，吸收值无明显变化，溶液依然清澈透明。

（4）色价与 pH 值的关系。花生衣红色素在 pH 值 5~9，色价较稳定；pH 值在 5~6 时色素呈鲜的红褐色；随着 pH 值的升高，色调略有加深，色价均大于 20。

（5）防腐剂的影响。取一定量粉剂色素用水溶解，分别调 pH 值 5、6、7、8、9，以每千克色素加入 0.12g 苯甲酸计量，放置 20 天后，在 440nm 处测定溶液的吸收值，没有明显变化。

3. 应用范围及功能性质

花生衣红色素属于食用天然色素，具有安全可靠、毒副作用小、色调自然等优点；由于花生衣红色素的主要成分为黄酮类化合物，此外还含有花色苷、黄酮、二氢黄酮等，具有一定的药理保健作用，因此，花生衣红色素的应用领域不断扩大，其产量还远不能满足现代食品工业发展的需要。目前主要用于西式火腿、糕点、香肠等的着色，为红褐色着色剂。

（二）粮油副产物——花生红衣

花生红衣外观为红棕色膜质，是花生产品的主要副产物之一，约占花生果质量的 3.6%，我国年产量约 600t。近年来，从花生红衣中提取天然色素、多酚类等抗氧化物质成为研究热点。据报道，花生红衣富含多酚类物质，如白藜芦醇和原花色素，具有抗花生仁酸败和氧化的作用，在生物体内具有清除自由基、抗氧化、抗炎、抗酶活性等生物功能，多酚类物质中的黄酮类化合物是构成花生衣红色素的主要成分，因此，从花生红衣中提取的花生衣红色素，不仅是一种天然食用色素，而且还同时具有良好的药理保健作用，开发前景和应用领域广阔。

（三）花生红衣制备花生衣红色素的生产技术

1. 原理及工艺流程

花生衣红色素的提取主要利用了其在乙醇中能溶解的性质而与杂质实现相对分离，采用乙醇提取的方法从花生红衣中提取花生衣红色素的工艺流程见图 5-6。

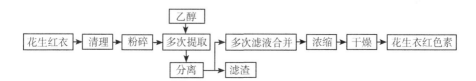

图 5-6　从花生红衣中提取花生衣红色素的工艺流程图

2. 工艺要点说明

（1）原料、粉碎。花生红衣去杂、称重、粉碎；随着原料粉碎目数增加，提取率逐渐增加，但增加趋势逐渐变慢，经优化获得最佳粉碎细度为过 60 目筛。

（2）提取。经文献报道乙醇提取法的最佳工艺条件为：提取溶剂为

60%的乙醇水溶液、提取温度为 60℃、提取时间是 210min、料液比 1：15、提取次数 3 次，在此条件下花生衣红色素的提取率为 93%。

（3）过滤、浓缩。合并多次乙醇提取液，趁热过滤，收集滤液并采用真空浓缩方式，达到一定浓度后出料。

（4）干燥。浓缩后的物料于 60~80℃下真空干燥，冷却至室温后粉碎，得到深紫红色、略带光泽的粉末状固体，即为花生衣红色素。

（四）花生衣红色素的相关标准

目前关于花生衣红色素的相关标准为国家标准《GB 1886.323—2021 食品安全国家标准 食品添加剂 花生衣红》，该标准从原料要求、感官要求、理化指标 3 个方面做出了明确的规定，具体见表 5-32 和表 5-33。

表 5-32 《GB 1886.323—2021 食品安全国家标准 花生衣红》标准中的感官要求

项目	色泽	状态	气味
要求	浅褐色至深褐色	粉末，无可见杂质	具有花生衣红特有的气味，无异常气味

表 5-33 《GB 1886.323—2021 食品安全国家标准 花生衣红》
标准中的理化指标

项目	指标
色价 $E_{cm}^{1\%}$ ［（500±5）nm］	≥5
灰分/%	≤5
干燥减量/%	≤5
铅（Pb）/（mg/kg）	≤1
砷（As）/（mg/kg）	≤1

第三节　粮油副产物中维生素和生物活性成分资源生产的关键技术装备

一、清理机械与设备

原料的清理工艺在加工前的预处理中必不可少，特别是固态颗粒原料如玉米芯、油料、油粕等加工之前需要进行清理。

（一）筛选与风选设备

振动筛是应用最为广泛的谷物类物料筛选与风选相结合的清理设备，其功能为清除物料中的轻杂、大杂和小杂。常见振动筛的类型有往复直线振动筛和立面圆振筛。

1. 往复直线振动筛

往复直线振动筛是适应性最强、应用最广的筛分机械。筛面做往复直线运动，物料沿筛面做正反两个方向的滑动，筛面的往复运动能促进筛上物料的自动分级，物料相对于筛面运动的总路程较长，可以得到较高的筛分效率。其工作流程为：原料从进料管进入到内部偏心锥管中的分料板落点上，分料板随筛体一起振动，原料均衡下落。第一层筛面除大杂，筛上物为大杂；第二层筛面除小杂，筛下物为小杂。清理过的物料从两层筛面之间流出振动筛，进入垂直吸风道，轻杂质被垂直气流带走，干净的物料从吸风道下部排出。

2. 立面圆振筛

立面圆振筛的频率往往在每分钟 1 000 次以上，所以也称为高频振动筛。设备主要由筛体、进出料装置、传动与支承装置、吸风系统、机架等组成，工作时，筛体通过弹簧支承在机架上，电动机固定在机架上，通过带传动驱动振动器旋转，产生在立面内旋转的激振力，驱动筛体在立面内做圆振动。立面圆振筛清理物料中的杂质特点为粒度小且相对密度也较小，例如清除稻谷中的稗子时，如果物料只是在筛面上滑动，由于散体自动分级的影响，相对密度较小的杂质难以进入筛面下层和穿过筛孔，必须使物料呈抛掷运动状态，破坏散体的自动分级。往复直线振动筛难以实现物料的抛掷运动，立面圆振筛却易于做到。

（二）重力分选设备

重力分选设备中的一类重要的设备为密度去石机，这种机器采用干法重力分选，是一种专门清除密度比粮粒大的"并肩石"（石子大小类似粮粒）等重杂质的机械，一般在气流分选及筛分完成之后使用。密度去石机工作时，物料不断地进入去石筛面的中部，由于物料颗粒的密度及空气的动力特性不同，在适当的振动和气流作用下，密度较小的谷粒浮在上层，密度较大的石子沉入底层与筛面接触，形成自动分层。由于自下而上穿过物料的气流作用，使物料之间孔隙度增大，降低了料层间的正压力和摩擦力，物料处于流化状态，促进了物料自动分层。因去石筛面前方略微向下倾斜，上层物料在重力、惯性力和连续进料的推力作用下，以下层物料为滑动面，相对于去石筛面下滑至净粮粒出口。与此同时，石子等杂物逐渐从粮粒中分出进入下层。下层石子及未悬浮的重粮粒在振动及气流作用下沿筛面向高端上滑，上层物料越来越薄，压力减小，下层粮粒又不断进入上层，在达到筛面高端时，下层物料中粮粒已经很少。在反吹气流的作用下，少量粮粒又被吹回，石子等重物则从排石口排出。

（三）磁选设备

农产品在加工前必须经过严格的磁选，除去金属杂物，以保护加工机械和人身的安全。在以粮食为原料的初级食品加工的全过程中，凡是高速运转的机器的前部应装有磁选设备。

磁选设备的主要工作部件是磁体，其周围存在磁场。磁体分永久磁体和电磁体，粮食清理多采用永久磁体。磁选设备分永磁溜管和永磁滚筒。永磁滚筒主要由进料装置、滚筒、磁心、机壳和传动装置等部分组成，工作时，磁心固定不动，而滚筒由电动机通过蜗轮蜗杆机构带动旋转，滚筒质量轻，转动惯量小，永磁滚筒能自动、连续地排除磁性杂质，除杂效率高（98%以上），特别适合除去粒状物料中的磁性杂质。利用电磁感应原理，同时可以检测出食品中的铁、铜、铝、铅、不锈钢等金属物质。

二、混合与反应机械与设备

(一) 超临界萃取设备

任一物质的相态 (气、液、固) 与其所处的温度、压力有关。在压温图中，高于临界温度和临界压力的区域称为超临界区，此时的流体称为超临界流体。超临界流体具有许多不同于一般气体和一般液体的独特性质。超临界气体的密度接近于液体，这使它具有与液体溶剂相当的萃取能力；超临界流体的黏度和扩散系数又与气体相近似，使它具有非常好的传质性能。超临界萃取设备正是利用了物质在特殊条件下所呈现出的性质，进而对维生素和生物活性物质开展有效地提取。

通常，超临界流体萃取系统主要由四部分组成：溶剂压缩机 (即高压泵)；萃取器；温度、压力控制系统；分离器和吸收器。其他辅助设备包括：辅助泵、阀门、调节器、流量计、热量回收器等。实际工作中，根据分离的物质及其相平衡，超临界流体萃取流程可以分为 3 类，控温萃取流程、控压萃取流程和吸附萃取流程。

(二) 液-液萃取设备

液-液萃取属于分离相均为液体混合物的一种单元操作，在食品工业上主要用于提取与大量其他物质混杂在一起的少量挥发性较小的物质。因液-液萃取可在低温下进行，故特别适用于热敏性物料的提取，如维生素、生物碱和色素的提取，油脂的精炼等。液-液两相间传质是一个界面更新的过程，所以萃取设备的形式从原理上包括实现不同相间膜状接触或将一相分散在另一相以及两相分离两部分。根据接触方法，液-液萃取设备可分为逐级接触式和微分接触式 2 类，每一类又可分为有外加能量和无外加能量 2 种。常用萃取设备名称及其分离类型见表 5-34。

表 5-34　常用萃取设备

类型	逐级接触式	微分接触式
无外加能量	筛板塔	喷洒萃取塔、填料萃取塔

（续表）

类型		逐级接触式	微分接触式
具有外加能量	搅拌	混合-澄清槽 搅拌-填料槽	转盘塔 搅拌挡板塔
	脉动	—	脉冲填料塔 脉冲筛板塔 振动筛板塔
	离心力	逐级搅拌离心机	连续搅拌离心机

三、分离机械与设备

（一）分子蒸馏设备

分子蒸馏技术在对具有生理活性功能的物质的浓缩精制、易挥发芳香物质的提取等方面，具有独特的优势，如可从大豆油、小麦胚芽油等油脂及其脱臭物中提取高纯度维生素 A、维生素 D 及维生素 E 等。例如，因维生素 E 具有热敏性，且沸点很高，用普通的真空蒸馏很容易使其分解；而若使用萃取法，需要的步骤繁杂，收率较低。

分子蒸馏是一种特殊的液-液分离技术，它不同于传统蒸馏依靠沸点差分离原理，而是靠不同物质分子运动平均自由程的差别实现分离。工作时，当液体混合物沿加热板流动，轻、重分子会逸出液面而进入气相，由于轻、重分子的自由程不同，因此，不同物质的分子从液面逸出后移动距离不同，若能恰当地设置一块冷凝板，则轻分子到达冷凝板被冷凝排出，而重分子不能到达冷凝板，因而只能随混合液排出，这样便实现物质分离的目的。

（二）结晶设备

结晶设备可用于肌醇、木糖醇的结晶工艺。根据物质结晶特性的不同，可将结晶设备分为冷却式结晶器、浓缩式结晶器和蒸发冷却式结晶器等。

1. 冷却式结晶器

冷却式结晶器主要用于温度对溶解度影响比较大的物质结晶。该设备是采用冷却降温的方法使溶液达到过饱和而结晶，并不断降温，以维持溶液一定的过饱和度进行育晶。

2. 浓缩式结晶器

浓缩式结晶器是借助于一部分溶剂在沸点时的蒸发或在低于沸点时的汽化达到过饱和而析出晶体的设备，适用于溶解度随温度的降低变化不大的物质的结晶，它是蒸发和结晶两种操作组合的设备。

3. 蒸发冷却式结晶器

蒸发冷却式结晶器，又称真空结晶器。设备工作时的真空度是由冷凝器和蒸汽喷射器维持。加入容器的热饱和溶液，其温度远比结晶器内压强下所对应的沸点高；由于高温溶液进入闪急蒸发室，温度自动下降并放出显热以供水分汽化，所以所需的过饱和度是靠冷却和蒸发两种作用产生的。

四、精制机械与设备

对于维生素和生物活性物质的精制工艺中，通常利用特异性吸附剂将目标产物和杂质相对分离，从而达到精制的目的。例如，利用活性炭对淀粉糖、木糖醇等物质进行脱色处理；利用活性炭、白土为填充介质对油脂进行脱色处理。常用的吸附设备类型有固定床吸附的双器流程、串联流程和并联流程。

（一）双器吸附流程

为使吸附操作连续进行，至少需要两个吸附器循环使用。图 5-7 所示为双器吸附流程，A、B 为两个吸附器，当 A 进行吸附时，B 进行再生；当 A 达到破点时，B 再生完毕，进入下一个周期，即 B 进行吸附，A 进行再生，如此循环进行连续操作。

（二）串联流程

如果体系吸附速率较慢，采用上述的双吸附器流程时，流体只在一个吸

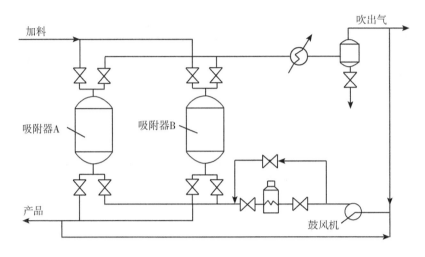

图 5-7 双器吸附流程

附器中进行吸附，达到破点时，很大一部分吸附剂未达到饱和，利用率较低。这种情况宜采用两个或两个以上吸附器串联使用，图 5-8 所示为串联吸附流程。流体先进入 A，再进入 B 进行吸附，C 进行再生；当从 B 流出的流体达到破点时，则 A 转入再生，C 转入吸附，此时流体先进入 B 再进入 C 进行吸附，如此循环往复。

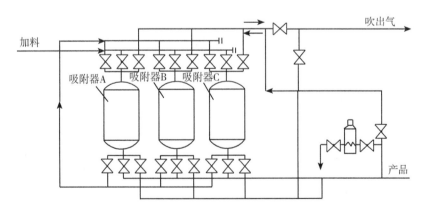

图 5-8 串联吸附流程

（三）并联流程

当处理的流体量很大时，往往需要很大的吸附器，此时可以采用几个吸附器并联使用的流程。如图 5-9 所示，图中 A、B 并联吸附，C 进行再生，下一个阶段是 A 再生，B、C 并联吸附，再下一个阶段是 A、C 并联吸附，B 再生，依此类推。

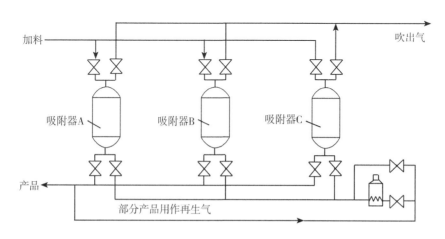

图 5-9　并联吸附流程

吸附剂工作原理　吸附剂是流体吸附分离过程得以实现的基础，工业上常用的吸附剂有活性炭、硅胶、活性氧化铝和分子筛等，其主要特征如表 5-35 所示。吸附分离工艺过程通常由 2 个主要部分构成：首先使流体与吸附剂接触，待吸附物质被吸附剂吸附后，与流体中不被吸附的组分分离，此过程为吸附操作；然后将待吸附物质从吸附剂中解吸，并使吸附剂重新获得吸附能力，这一过程称为吸附剂的再生操作。若吸附剂不需再生，这一过程改为吸附剂的更新。

表 5-35　常用的吸附剂的主要特性

主要特性	活性类	活性氧化铝	硅胶	沸石分子筛		
				4A	5A	X
堆积密度/（kg/m²）	200~600	750~1 000	800	800	800	800

（续表）

主要特性	活性类	活性氧化铝	硅胶	沸石分子筛		
				4A	5A	X
热容/ [kJ/(kg·K)]	0.836~ 1.254	0.836~ 1.045	0.92	0.794	0.794	—
操作温度上限/K	423	773	673	873	873	873
平均孔径/nm	1.5~2.5	1.8~4.5	2.2	0.4	0.5	1.3
再生温度/K	373~413	473~523	393~423	473~573	473~573	473~573
比表面积/(m²/g)	600~1 600	210~360	600	—	—	—

五、干燥机械与设备

真空干燥设备是干燥机械与设备中的一类重要的设备，它适用于对产品的色、香、味和营养成分等品质要求较为严格的产品，如花生衣红和大豆异黄酮的干燥。真空干燥需要在密闭的环境内进行，因此，设备的主体为密闭容器，其类型主要依据容腔内的具体结构划分，有带式、搅拌式等。

（一）带式真空干燥机

带式真空干燥机为连续式真空干燥机，是由干燥室、加热与冷却系统、原料供给系统、输送装置和真空系统等部分组成，用于液料或浆料的干燥。干燥室内设置有传送带，带下设加热装置、冷却装置，顺序形成加热和冷却两个作业区，其中加热区又分为四或五段，第一、第二段用于采用蒸汽加热，完成恒速干燥，第三、第四段进行减速干燥，第五段进行均质，后三段均采用热水加热。根据产品干燥工艺要求，各段的操作温度可以调节。经预热的料液由液料泵泵入密闭的干燥室内，并均匀分布到干燥室内的输送带上；在随传送带移动过程中，逐渐被加热而使水分得以蒸发，干燥并冷却后形成的片状产品送至出口处的粉碎机粉碎成颗粒状成品，最后由卸料装置卸出。

（二）搅拌型圆筒真空干燥机

搅拌型圆筒真空干燥机又称为耙式真空干燥器，属于间歇式干燥器类型，它主要由卧式筒体、桨式搅拌轴等构成。筒体为夹套结构，内通加热用蒸汽、热水或热油。搅拌轴上安装有2组桨叶（耙齿），其中一组为左旋，一组为右旋。搅拌轴轴颈与筒体封头间采用填料密封。干燥时，原料从筒体上部的加料口送入，搅拌轴间歇进行正向和反向旋转，在其转动时物料同时沿轴线双向往复移动，从而在均匀搅拌状态下，物料在筒壁处进行热交换，因水分蒸发而得以干燥。该设备主要适用于高湿的固体物料。

思考题

1. 简述维生素的特点及分类。
2. 简述矿物质的主要功能及分类。
3. 举例说出你所知道的天然活性成分的名称及所属的类别。
4. 为什么选择脱臭馏出物作为提取维生素 E 的原料？
5. 简述米糠制备植酸和肌醇的主要工艺步骤。
6. 富含植酸的粮油加工副产物有哪些？
7. 玉米芯中哪种化学成分是制备木糖醇的主要成分？
8. 简述大豆异黄酮的理化和功能性质。
9. 花生衣红产品归属于食品添加剂中的哪一类？简述其优良的性质。

参考文献

白坤，2012. 玉米淀粉工程技术［M］. 北京：中国轻工业出版社.

卞科，郑学玲，2017. 谷物化学［M］. 北京：科学出版社.

陈双美，2018. 玉米麸质水提取醇溶蛋白的技术研究［D］. 济南：齐鲁工业大学.

陈园顺，2014. 米糠混合油精炼及营养米糠油生产工艺研究［D］. 郑州：河南工业大学.

陈云，王念贵，2014. 大豆蛋白质科学与材料［M］. 北京：化学工业出版社.

程飞，2015. 高纯度米渣分离蛋白的制备工艺研究［D］. 合肥：安徽农业大学.

迟玉杰，2008. 大豆蛋白质加工新技术［M］. 北京：科学出版社.

崔建云，2008. 食品加工机械与设备［M］. 北京：中国轻工业出版社.

段钢，姜锡瑞，2014. 酶制剂应用技术问答［M］. 北京：中国轻工业出版社.

高福成，1998. 食品分离重组工程技术［M］. 北京：中国轻工业出版社.

何东平，祖海，2014. 米糠加工技术［M］. 北京：中国轻工业出版社.

胡继强，张旭光，黄亚东，2009. 食品工程技术装备：食品生产单元操作［M］. 北京：科学出版社.

胡林子，2013. 大豆加工副产物的综合利用［M］. 北京：中国纺织工业出版社.

江连洲，2016. 大豆加工新技术［M］. 北京：化学工业出版社.

江连洲，2017. 植物蛋白工艺学［M］. 北京：科学出版社.

姜锡瑞，霍兴云，黄继红，等，2016. 生物发酵产业技术［M］. 北京：中国轻工业出版社.

李倩，2016. 实验室型固定化酶柱制备玉米胚芽油及水解蛋白液功能性的研究 [D]. 锦州：渤海大学.

李新华，刘雄，2011. 粮油加工工艺学 [M]. 郑州：郑州大学出版社.

李新华，张秀玲，2012. 粮油副产物综合利用 [M]. 北京：科学出版社.

李玥，2008. 大米淀粉的制备方法及物理化学特性研究 [D]. 无锡：江南大学.

李正明，王兰君，2000. 植物蛋白生产工艺与配方 [M]. 北京：中国轻工业出版社.

林亲录，吴跃，王青云，等，2015. 稻谷及副产物加工和利用 [M]. 北京：科学出版社.

刘亚伟，2005. 小麦精深加工：分离、重组、转化技术 [M]. 北京：化学工业出版社.

刘亚伟，2009. 粮食加工副产物利用技术 [M]. 北京：化学工业出版社.

刘振华，刘丽娜，徐同成，2016. 花生加工技术研究 [M]. 北京：中国农业科学技术出版社.

路飞，马涛，2018. 粮油加工学 [M]. 北京：科学出版社.

马秀婷，2013. 豆渣蛋白提取、结构及性质研究 [D]. 哈尔滨：东北农业大学.

师景双，2011. 溶剂萃取法提取小麦胚芽油及天然维生素 E 的研究 [D]. 济南：齐鲁工业大学.

田建珍，温纪平，2011. 小麦加工工艺与设备 [M]. 北京：科学出版社.

汪勇，2016. 粮油副产物加工技术 [M]. 广州：暨南大学出版社.

王俊国，杨玉民，2012. 粮油副产物加工技术 [M]. 北京：科学出版社.

王睿粲，2018. 豆乳中植酸、钙镁与蛋白质的相互作用及其对蛋白质聚集的影响 [D]. 北京：中国农业大学.

王兴国，2017. 油料科学原理 [M]. 北京：中国轻工业出版社.

王言，2007. 玉米皮膳食纤维的制备、功能活化及活性的研究 [D]. 长春：吉林大学.

徐忠，赵丹，2018. 食品工业固体废物资源化技术 [M]. 北京：化学工业出版社.

杨杰，2010. 用制糖米渣制备脱苦蛋白肽的研究［D］. 西安：西安科技大学.

杨伟强，李鹏，张吉民，等，2008. 冷榨花生饼粕中分离蛋白的制备［J］. 食品科技，33（12）：166-168.

杨学娟，2013. 纳豆芽孢杆菌固体发酵低温豆粕的功能活性及机制研究［D］. 镇江：江苏大学.

殷涌光，2007. 食品机械与设备［M］. 北京：化学工业出版社.

张红梅，2005. 花生衣红色素粗品的提取、性质及其应用的研究［D］. 无锡：江南大学.

张锦胜，2017. 食品原料与加工［M］. 南昌：江西高校出版社.

张雪，2017. 粮油食品工艺学［M］. 北京：中国轻工业出版社.

周瑞宝，2008. 植物蛋白功能原理与工艺［M］. 北京：化学工业出版社.

周瑞宝，周兵，姜元荣，2012. 花生加工技术［M］. 北京：化学工业出版社.

朱春凤，2011. 脱脂米糠中蛋白质和植酸同步提取的研究［D］. 长沙：中南大学.